MÉMOIRES

DE LA

SOCIÉTÉ DES SCIENCES,

DE L'AGRICULTURE ET DES ARTS

DE LILLE

CINQUIÈME SÉRIE

FASCICULE VI

RECHERCHES SUR LA FAUNE DES EAUX DOUCES DES AÇORES

Par Théod. Barrois.

RECHERCHES

SUR LA

FAUNE DES EAUX DOUCES DES AÇORES

PAR

Théod. BARROIS,

PROFESSEUR A LA FACULTÉ DE MÉDECINE DE LILLE.

LILLE,
IMPRIMERIE L. DANEL.
—
1896

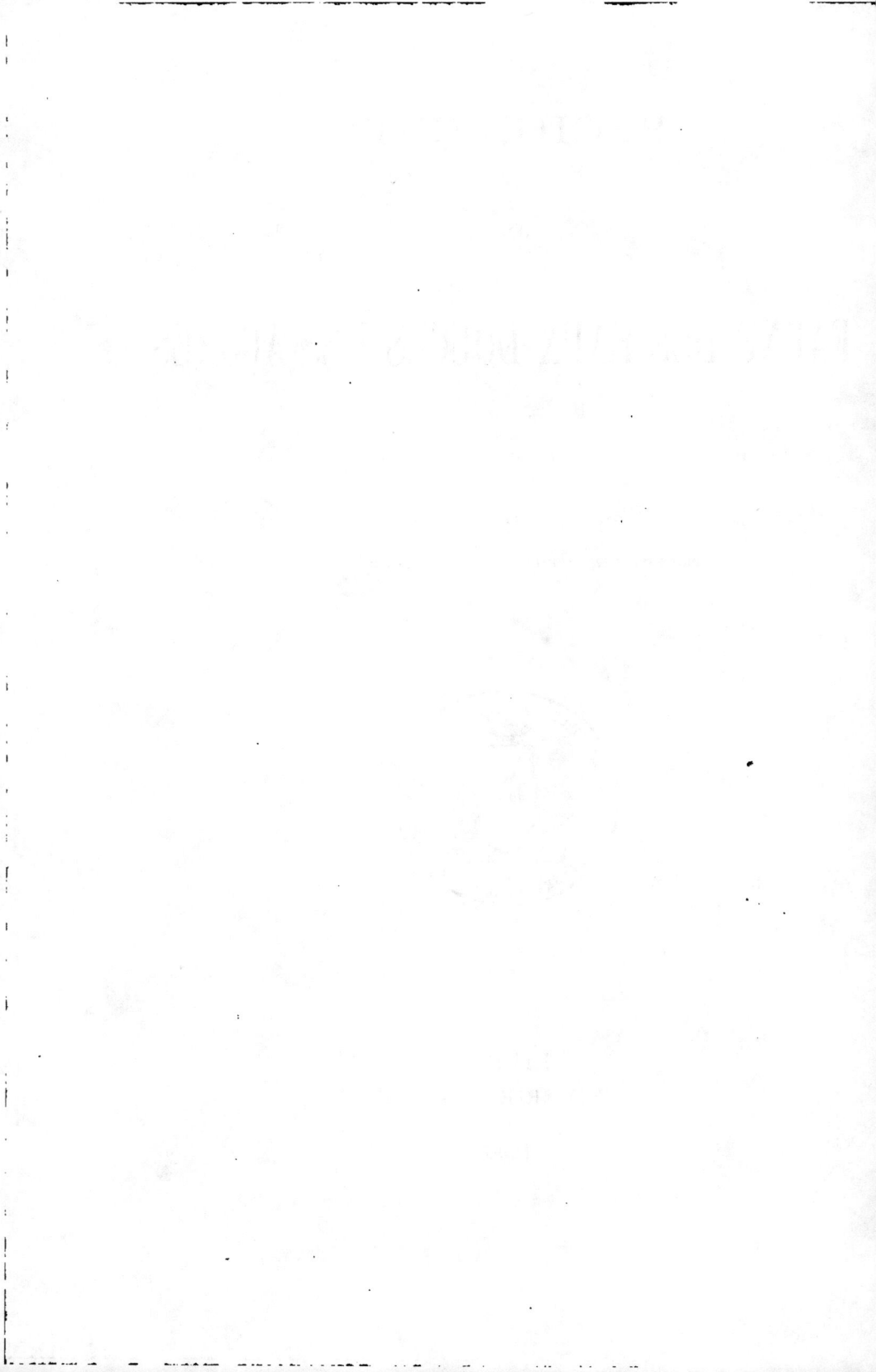

MON BIEN CHER AMI,

Ce n'est point seulement la sincère affection que je vous ai vouée qui me porte à inscrire votre nom en tête de ce mémoire ; en agissant ainsi, je tiens aussi à bien marquer la profonde reconnaissance que je vous dois, car vous avez été, avec le plus entier désintéressement, mon collaborateur assidu, tant dans la recherche des matériaux de ce travail, que dans leur mise en ordre. Acceptez-en donc la dédicace comme un faible témoignage de ma meilleure gratitude.

Bien souvent, en rédigeant ces notes, ma pensée s'est reportée à nos joyeuses excursions, à nos longues causeries, à ces heures pleines de charme où vous m'appreniez à connaître et à aimer votre beau pays.....

Puisse la lecture de ces pages évoquer en vous les mêmes souvenirs heureux et vous apporter en même temps l'assurance de la sincère et cordiale amitié de

Votre affectueusement dévoué ,

Th. BARROIS.

INTRODUCTION

L'archipel des Açores est compris entre le 36° 54′ et le 39° 44′ de latitude Nord d'une part, et de l'autre entre le 27° 22′ et le 33° 38′ de longitude Ouest (méridien de Greenwich) si les indications de la carte du capitaine Vidal sont exactes. Les îles qui le composent sont au nombre de neuf qui s'étendent en projection horizontale sur une longueur d'environ 700 kilomètres, et sont disposées géographiquement en trois groupes nettement tranchés : le groupe oriental avec S. Miguel et Santa-Maria, le groupe central comprenant Terceira, Gracioza, Fayal, San-Jorge et Pico, le groupe occidental enfin, formé des deux petites îles de Florès et de Corvo. Administrativement, l'archipel se divise en trois districts ; celui de Ponta-Delgada (S. Miguel et Santa-Maria), celui d'Angra (Terceira, Gracioza et S. Jorge), celui de Horta (Fayal, Pico, Florès et Corvo).

Les distances qui séparent à vol d'oiseau les Açores de l'Europe, de l'Afrique ou encore de l'Amérique, sont à peu près les mêmes, quoique cependant l'archipel soit plus éloigné du nouveau monde que de l'ancien. J'en donne ci-dessous un tableau d'après les renseignements empruntés à M. Drouet (1) et que ce dernier tenait du dépôt général des cartes et plans de la marine.

Du cap Roca (Portugal) à S. Miguel. . . .	1342ᵏ 700
Du cap Roca à Santa-Maria.	1351 960
Du cap Cantin (Maroc) à Santa-Maria. . . .	1500 120
De Madère à Santa-Maria.	870 440
Du cap Race (Terre-Neuve) à Florès. . . .	1944 600
Du cap Canso (Nᵉˡˡᵉ Ecosse) à Florès. . . .	2444 640

(1) DROUET : *Faune Açoréenne.* Mém. de la Soc. Acad. de l'Aube, 40ᵉ année, T. XXV, p. 287 et suiv., 1861.

Voici quelques documents complémentaires d'après Élisée Reclus :

Du cap Race (Terre-Neuve) à Corvo . . . . 1800^k »
Des Bermudes aux Açores . . . . 3000 »
De St-Thomas (Antilles) aux Açores . . . 4000 »

Les mers qui baignent l'archipel et qui constituent « l'Atlantique Açorien », suivant l'expression de Reclus, sont généralement d'une grande profondeur, et le savant géographe admet qu'elles atteignent en moyenne 4,000 m. et plus. Il suffit de jeter un coup d'œil sur la carte des sondages du capitaine Vidal pour voir combien les côtes sont accores et combien les fonds augmentent rapidement à une distance relativement minime de la terre. Les relevés récemment exécutés par S. A. le Prince de Monaco (1) ont fourni à ce sujet des données extrêmement intéressantes. Cent trente kilomètres à peine séparent Terceira de S. Miguel et pourtant la sonde a marqué jusqu'à 3.309 mètres entre ces deux îles ! Fait plus remarquable encore, on compte environ 17 kilomètres de Pico à S. Jorge, et pourtant les sondes de l'*Hirondelle* ont décélé des fonds de 1.300 mètres !

D'origine entièrement volcanique, les îles de l'archipel açoréen offrent toutes une constitution identique dans ses grands traits et présentent un cachet de famille des plus net. Toutes sont montueuses, parsemées de nombreux cratères éteints, au profil tourmenté, dont la plupart dressent leurs cîmes tronquées à des altitudes variant entre 700 et 1000 mètres ; le sommet le plus élevé de l'archipel, le volcan de Pico, atteint seul une hauteur supérieure à 2000 mètres ; l'altitude en a été fort diversement appréciée par les différents observateurs qui en ont parlé, mais, tout dernièrement, elle vient d'être fixée à 2.275 mètres par le capitaine

---

(1) S. A. S. le PRINCE DE MONACO: *Itinéraire du yacht* « l'Hirondelle » *dans l'archipel des Açores*. 1885-1887-1888. Carte deuxième.

Chaves, à la suite de nivellements barométriques fort soignés (1).

Les éléments géologiques qui composent ces chaînes puissantes, ces massifs formidables, sont tout naturellement des laves diverses, trachytiques ou basaltiques, des tufs, des ponces, des scories (2). Ces dernières forment en certains points des côtes, dans la baie de João-Bom, par exemple, sur la rive Nord de S. Miguel, de telles falaises que l'esprit demeure confondu à la pensée des manifestations terribles qui ont dû donner naissance à ces puissantes assises. Du haut du pic de Maffa, la haute et sinistre muraille s'élance à pic, d'une hauteur de 350 à 400 mètres, dans la mer qui déferle à ses pieds, n'offrant au regard étonné qu'une infinie succession d'immenses couches ondulées de scories noires et ternes. Quelle formidable éruption a dû gronder en ces lieux, semant aux alentours d'aussi gigantesques débris ! C'est seulement devant un pareil spectacle que l'homme peut arriver à se figurer la formation de l'archipel açoréen, émergeant pour ainsi dire du fond des abîmes sous l'incessante poussée des puissants volcans dont l'activité devait être effrayante, si l'on en juge d'après les témoins qu'elle a laissés partout.

En d'autres points de l'île de S. Miguel, la falaise est composée tantôt de ponces grisâtres, comme aux environs de Villafranca, tantôt de tuf d'un brun jaunâtre, comme à Capellas. Dans ce dernier cas, la roche est souvent creusée par la violence des flots d'une multitude de cavités natu-

---

(1) F. A. Chaves : *Contribuição para os estudos hypsometriquos dos Açores : Altitude de Pico.* Archivo dos Açores, vol. XII, 1893.

(2) Je renvoie le lecteur que ces questions intéressent spécialement aux excellents travaux de Hartung (*Die Azoren in ihrer äusseren Erscheinung und nach ihrer geognostichen Natur geschildert*, Leipzig, 1860), de Fouqué(*Voyages géologiques aux Açores*, Revue des Deux-Mondes, 43ᵉ année, t. CIII et CIV, 1873), et enfin à un intéressant mémoire de pétrographie(*Recherches micrographiques sur quelques roches de l'île de S.-Miguel*, Lisbonne, 1888) publié plus récemment par M. le Dʳ· Eugenio Pacheco de Castro.

relles, dont quelques-unes sont très spacieuses à l'intérieur, bien que la crevasse d'entrée soit en général assez étroite. Rien n'est plus pittoresque et d'aspect plus féerique que ces vastes grottes où le flot d'un bleu profond et étrange vous entraîne en déferlant, au risque de vous déchirer sur les roches aiguës, gardiennes du passage, au moindre coup d'aviron donné à faux par le hardi baleinier qui vous guide.

D'une façon générale, le pourtour des îles est protégé par une bordure de laves basaltiques noirâtres, aux vives arêtes, aux brillants cristaux d'olivine, sur lesquelles le flot se brise en mugissant et rejaillit ensuite en blancs tourbillons d'écume. Les plages sablonneuses *(areal)* sont extrêmement rares, elles ne sont pas formées, comme chez nous, de sable blanc, fin et doux, mais bien de sable grossier dur, d'un gris noirâtre, sans cesse agité par le ressac. J'ai dit plus haut que les îles de l'archipel açoréen sont d'origine entièrement volcanique ; une exception toutefois doit être faite en faveur de Santa-Maria où l'on rencontre, aux environs de Praïa, une couche assez importante de calcaire fossilifère, que sa faune a permis de rattacher à l'étage des faluns de Bordeaux, c'est-à-dire au miocène supérieur. Malheureusement ce lambeau est de trop peu d'importance, et surtout trop isolé, pour qu'on en puisse tirer des conclusions de quelque valeur sur l'âge exact des roches volcaniques de l'archipel ; tout ce que les géologues ont avancé semble se résumer en cette proposition : les laves des Açores paraissent d'origine plus récente que celles qui constituent les massifs des autres archipels de l'Atlantique, c'est-à-dire des Madères et des Canaries.

Toute activité volcanique n'a point encore cessé aux Açores, et les tremblements de terre, bien que peu considérables et sans conséquences graves, y sont encore très fréquents. Le monstre n'est qu'endormi et on peut encore tous les jours constater les preuves de sa puissante vitalité en deux points opposés de S. Miguel, à Ferraria, et surtout dans la vallée de Furnas. A l'extrémité occidentale de

l'île, au pied du *Pico das Camarinhas* (1), quelques sources
chaudes viennent sourdre au pied même de la mer (2), qui
les recouvre à marée haute ; la température de ces sources
est d'environ 56° et l'on a construit en cet endroit un établissement de bains, très couru des gens du peuple. Entre la
pointe de Ferraria et celle de Varzea, à environ un mille de
la côte, eut lieu en juin 1811 l'éruption sous-marine qui
donna naissance à l'îlot « *Sabrina* » ; lorsque les tremblements de terre, les pluies de cendres et de scories, les
détonations incessantes et les éclairs qui avaient accom-
pagné ce cataclysme eurent cessé, le capitaine de la frégate
britannique *Sabrina* put descendre sur l'îlot, le baptiser
du nom de son navire, et, en bon anglais, y planter le dra-
peau du Royaume-uni. Cet îlot, composé en majeure partie
de pierres et de cendres, mesurait euviron un mille de
circonférence et s'élevait à près de 300 pieds de hauteur.
Son existence fut fort éphémère ; il disparut presque aussi
rapidement qu'il s'était formé : dès le mois d'octobre 1811,
il commença à s'émietter sous l'action puissante et continue
du ressac et, quelques mois plus tard, il n'en restait plus
trace au-dessus des flots (3). Comme seul témoignage de ce
cataclysme, on retrouve en cet endroit un banc sur lequel
la sonde accusa au capitaine Vidal, en 1843, une profondeur
de quinze brasses.

(1) *Camarinhas* se dit en portugais des petits fruits blancs du *Corema album*,
qui croît en grande quantité sur le pic en question et lui a valu cette dénomination. Les Açoréens de la campagne mangent ces fruits et certains, prétend-on,
en retirent une sorte de boisson fermentée. Chaves m'a pourtant assuré, malgré
ce qu'en dit Morelet, que ni à S. Miguel, ni à Fayal, ni même à Pico, où on
trouve les Camarinhas en beaucoup plus grande quantité, il n'a jamais vu
employer ces fruits à la fabrication d'une boisson alcoolique quelconque.

(2) Le *Pedipes afer* Fér., petit Gastéropode de la famille des Pulmonés, et
d'origine africaine, comme l'indique son nom, habite communément à Ferraria,
sur les rochers que le voisinage des sources chaudes maintient toujours à une
température relativement élevée.

(3) Je traduis ces renseignements d'un très intéressant article paru dans
« Archivo dos Açores » sous le titre de *Anno 1811. — Erupção submarina em
S. Miguel* (t. V, 1883, p. 448-454), qu'accompagne le fac-simile d'une superbe
planche en couleurs, parue à Londres en 1812.

C'est vers l'autre extrémité de l'île de S. Miguel, dans
la vallée de Furnas, que les phénomènes volcaniques se
manifestent avec le plus d'activité, mais seulement sous
forme de sources thermales, de geysers, de *Caldeiras* comme
disent les Açoréens (1). Rien n'est plus curieux que ce
« Valle das Furnas » ; tous les voyageurs qui ont passé par
les Açores ont été vivement frappés des manifestations
puissantes de ce feu souterrain qui brûle sous leurs pieds.
C'est un spectacle vraiment extraordinaire que la réunion,
sur un espace de quelques centaines de mètres carrés, d'une
foule de sources les plus diverses : froides, tièdes, brûlantes,
sulfureuses, gazeuses, ferrugineuses ! Dans le lit d'une
source ferrugineuse froide bouillonne une source chaude
sulfureuse, et vingt mètres plus loin, sur la rive même du
ruisselet formé par la réunion de ces deux sources, jaillit une
eau fraîche, extrêmement chargée d'acide carbonique.
Ici, de véritables geysers bouillants lancent leur jet puissant,
qui n'atteint guère plus de deux mètres de hauteur, mais
dont le diamètre mesure plusieurs pieds ; là, une Caldeira
vomit en mugissant d'incessants flots d'une boue liquide et
grisâtre. Partout le sol fume et semble en ébullition ;
l'air est empesté de vapeurs sulfureuses ; de larges plaques
jaunes, de soufre, et rouges, de fer, s'étalent de toutes parts
comme des lèpres hideuses. Bizarre contraste ! c'est dans
le bourg de Furnas, à moins d'un kilomètre des Caldeiras
fumantes, que les riches Açoréens viennent passer en
villégiature les mois d'été ; la vallée s'est couverte de
charmantes et même de luxueuses habitations, noyées dans
un océan de végétation tropicale ; depuis le commencement
de juillet jusqu'à la fin d'août, les villas et les hôtels
regorgent de monde, il y a bal le soir comme dans toute
ville d'eau qui se respecte. L'habitude est une seconde

---

(1) Nous verrons plus loin que ce mot est également employé pour désigner le
fond d'un cratère éteint : on dit, par exemple, *Caldeira das Sete-Cidades*.

nature, et l'on voit qu'aux Açores « danser sur un volcan » n'est plus une métaphore !

Dans les autres îles, les manifestations volcaniques extérieures semblent être fort restreintes, en dehors des tremblements de terre. légers pour la plupart, qui ont été assez fréquents dans ces dernières années, surtout aux environs de Pico et de Fayal. Pourtant il existe à Terceira une petite solfatare et au moins une source d'eau chargée d'acide carbonique ; à Gracioza, à Fayal et à Florès, on connaît des sources chaudes, sulfureuses parfois ; enfin le volcan de Pico laisse échapper souvent à son sommet quelques vapeurs.

Un des résultats les plus intéressants auxquels soit arrivé Hartung dans son étude géologique des Açores, est certainement l'existence possible, en quelques points de l'archipel, de vestiges de la période glaciaire. Sur la côte Sud-Ouest de l'île de Santa-Maria, dans la baie de Villa do Porto, on rencontre de nombreux fragments arrondis d'un gneiss qui contient une forte proportion de mica blanc et de mica noir. Ces fragments sont mêlés sur la rive aux galets ordinaires de lave basaltique, et leur nombre est si grand que l'on ne saurait songer à les considérer, d'après le géologue allemand, comme du lest inutile rejeté par les navires. Des blocs erratiques auxquels on ne peut attribuer une origine volcanique ont été également rencontrés en d'autres points des Açores. C'est ainsi qu'à Praïa, sur la côte Est de l'île de Terceira, Hartung a pu recueillir, au milieu des galets de roches ignées, des fragments polis et lisses de grés rouge, de calcaire dense, de quartz, de granite graphique, d'un autre granite contenant du feldspath blanc jaunâtre, du quartz, du mica blanc, du mica noir et de la tourmaline. Tous ces blocs, dont quelques-uns mesurent jusqu'à plusieurs pieds de diamètre, ne s'observent pas seulement sur le rivage, mais bien encore jusqu'à une demi-minute géographique (926 mètres) dans l'intérieur des terres, en différents points où les paysans s'en sont servi, conjointement avec des fragments de lave, pour élever autour de leurs champs des murs de clôture. D'après Hartung, il n'est pas admissible que les blocs aient été transportés en cet endroit par la main des hommes, tout comme il est impossible de concevoir, après examen de la disposition actuelle des lieux, qu'ils aient été amenés sur la côte au travers des brisants.

Il est plus rationnel, dit le géologue allemand, de penser que ces roches d'origine étrangère ont été charriées par des glaces flottantes qui, en venant échouer et fondre le long des côtes, les abandonnaient sur la rive. Un soulèvement léger, dans le genre de celui qui s'est certainement produit à Santa-Maria, a exhaussé les fonds voisins de la côte et mis au jour les blocs tels qu'on les retrouve maintenant. Ces faits sont d'autant plus probables que de semblables fragments ont été signalés dans le Canada et les États-Unis jusqu'au 38e degré de latitude Nord (1).

Telle est la théorie de Hartung; cette manière de voir a été entièrement acceptée par Darwin, qui en a tiré d'excellents arguments pour expliquer le cachet septentrional de la flore açoréenne (2).

Il est bien certain que, si le fait des échouages de glaçons était prouvé, des conséquences très importantes en pourraient être tirées au sujet du peuplement des Açores ; la question de l'origine des espèces animales, soit terrestres, soit d'eau douce, en recevrait un jour nouveau. L'opinion d'Hartung, je dois le dire, n'a point été acceptée sans contestation; malgré tout, certains estiment que les blocs erratiques en question pourraient bien avoir été amenés comme lest par les navires qui s'en seraient ensuite débarrassés lors de leur arrivée au mouillage. C'est l'avis de mon ami, le capitaine Chaves, qui a parcouru une grande partie des îles de l'archipel, et exploré en particulier, avec un soin tout minu-

---

(1) HARTUNG : loc. cit. p. 294-295.

(2) DARWIN : *De l'origine des espèces*, trad. Barbier, p. 441, Paris 1880.

tieux, les côtes entières de S. Miguel. Voici ce qu'il a bien voulu m'écrire à ce sujet :

« Lorsque le commerce des oranges était florissant aux Açores, les navires anglais qui mouillaient à la Praïa (île de Terceira) utilisaient comme lest à l'aller des roches dont vous avez vu des échantillons, et qui sont celles qu'Hartung a prises pour des blocs erratiques, vestiges de la période glaciaire. L'ancre jetée, le lest était culbuté par dessus bord et, comme le lieu de mouillage est peu profond, comme le fond monte en pente douce à la côte au dire des pêcheurs de Praïa (1), il est aisé de penser que les roches, après avoir été roulées par le flot durant quelque temps, sont venues échouer à la rive, pêle-mêle, avec les autres galets, d'origine volcanique ceux-ci, et formés sur place. Le résultat aurait été le même si un navire sur lest était venu se briser sur les côtes de Praïa : cette hypothèse n'a rien de hasardé, car les naufrages sont fréquents dans l'archipel.

« Les paysans açoréens, habitués à ne voir que des laves, des scories, des roches volcaniques noires et ternes, ont probablement ramassé avec curiosité ces minéraux de teinte claire, parsemés pour la plupart de brillantes paillettes de mica. Ils s'en sont servi pour construire ces petits murs bas, sans mortier, qu'on rencontre partout aux Açores ; un beau jour, le mur s'est écroulé et les roches étrangères se sont trouvées dispersées au milieu des laves, en un lieu où la mer n'a certes pu les transporter directement.

« Je n'ai point d'ailleurs rencontré à la Praïa les granites, les gneiss, etc..., en aussi forte proportion que l'indique Hartung. Ceci peut s'expliquer à mon sens de la façon suivante : l'exportation des oranges, en sensible diminution déjà lors du séjour du naturaliste allemand dans l'archipel, est aujourd'hui en pleine décadence et les navires anglais, non plus que les navires portugais, ne jettent plus l'ancre

---

(1) C'est également ce qui ressort de l'examen de la carte de Vidal.

devant la Villa da Praïa (1). Le peu de trafic qui se pratique encore actuellement en cette localité, jadis si florissante, se fait totalement, par voie de terre, avec la ville d'Angra, douée d'un port profond et de quais d'embarquement mieux organisés.

« Au sujet de Santa-Maria, Hartung n'entre guère dans les détails et nous sommes autorisés à supposer que ce géologue n'a point trouvé de roches étrangères en plus grande quantité que j'en pourrais rencontrer aujourd'hui sur les côtes de Ponta-Delgada. Or, personne ne songerait jamais à considérer ces dernières comme des restes de la période glaciaire, mais bien plutôt comme des roches apportés de l'étranger par les navires, en guise de lest. Il est bon de noter que le port de Villa do Porto n'est pas situé en un point de la côte favorable à l'atterrissage des glaçons arrivant du Nord, à moins de supposer que ces icebergs, après avoir flotté plus bas dans le Sud, aient rebroussé chemin pour venir échouer juste à point dans le seul port de Santa-Maria qui devait être plus tard fréquenté par les navires marchands et aux abords duquel on a eu à déplorer déjà, depuis les temps historiques, maints naufrages !

« Dans les autres îles, Hartung n'a rencontré aucun bloc erratique et, pour ma part, je n'ai pu trouver les moindres vestiges de la période glaciaire sur la côte Nord de l'île de S. Miguel, bien que je les y aie cherchés avec le plus grand soin, surtout dans les endroits qui me paraissaient particulièrement favorables à l'atterrissage des glaçons flottants.

« Resterait à expliquer l'absence ou la rareté relative de ces roches étrangères sur des côtes comme celles de Ponta-Delgada et d'Angra, où le trafic a été autrefois très important et où, par conséquent, les navires ont dû maintes fois se débarrasser de leur lest. On peut, ce me semble, en trouver la raison dans la profondeur du mouillage, ainsi que dans

---

(1) *Villa* se dit en portugais d'une localité moins importante qu'une ville (*Cidade*), mais plus considérable qu'un village (*Aldeia*).

son éloignement de la côte, généralement très abrupte en ces points. De nos jours d'ailleurs, le maigre commerce d'oranges qui se fait encore à Ponta-Delgada est monopolisé par des vapeurs qui jettent l'ancre dans le dock, profond de 5 à 18 mètres ; à Terceira, toute exportation a cessé ».

J'ai tenu à reproduire entièrement cette argumentation fort intéressante, due au naturaliste que ses recherches minutieuses et suivies mettent le mieux à même de se faire une opinion sur la question, mais je ne cache point que cette théorie soulève quelques objections.

Hartung dit expressément que quelques-uns des blocs erratiques observés par lui sur la côte de la Praïa mesuraient plusieurs pieds de diamètre. Il est bien difficile d'admettre que de pareilles masses, après avoir servi de lest et été jetées par dessus bord, aient pu être roulées à la côte comme de simples galets (1). Il faudrait aussi que le capitaine Chaves, pour étayer sa manière de voir, nous montrât de ces mêmes roches draguées dans les ports de Ponta-Delgada et d'Angra aux endroits que fréquentaient autrefois de préférence les bateaux chargés du trafic des oranges (2). Certes la question est du plus haut intérêt et mériterait d'être étudiée avec soin dans tout l'archipel des Açores : elle ne peut toutefois être tranchée d'une façon définitive qu'à l'aide de dragages institués méthodiquement par un navire bien outillé.

Mais si, dans l'état actuel de la science, on ne peut affirmer que la période glaciaire a laissé des traces certaines

---

(1) Il est bon de rappeler toutefois qu'Hartung s'était embarqué pour les Açores avec l'idée qu'il devait rencontrer des vestiges de la période glaciaire, idée qui lui avait été suggérée par Lyell à l'instigation de Darwin. Cette opinion préconçue a peut-être porté le géologue allemand à exagérer les dimensions réelles de ces blocs qui, d'ailleurs, perdent dans l'eau de mer une partie de leur poids. Rappelons aussi que le mouvement des vagues est si intense qu'il se fait sentir jusqu'à des profondeurs de 14 mètres, et peut-être au-delà.

(2) Le capitaine Chaves me fait savoir qu'à Ponta-Delgada la plus grande partie du fond de l'ancien ancrage est maintenant recouvert par les blocs du dock ; il ajoute qu'il a retrouvé sur la côte de l'île de S. Miguel, à Ponta-Delgada, les mêmes roches étrangères qu'il avait recueillies à Praïa.

aux Açores mêmes, il semblerait, si les observations du *Talisman* (1) reçoivent confirmation, que les glaces flottantes s'étendaient autrefois beaucoup plus au Sud que de nos jours, tout au moins jusque dans le voisinage de l'archipel, et que. les conditions climatériques de ces îles, ainsi que des mers qui les baignaient, en étaient fortement modifiées.

Aujourd'hui, le climat des Açores est chaud et humide, mais d'une égalité et d'une salubrité remarquables. Les indications climatériques ont été toujours données, même dans les meilleurs ouvrages, d'après d'anciens auteurs dont les observations étaient souvent incomplètes à cause de l'insuffisance des instruments qu'ils avaient à leur disposition. Depuis plus de vingt ans, un observatoire météorologique soigneusement tenu a été installé à Ponta-Delgada ; toutefois, c'est seulement à partir du mois d'Août 1893, époque à laquelle le capitaine Chaves en prit la direction, que le service fut pourvu d'un commencement d'outillage en rapport avec les perfectionnements modernes. Grâce à l'entremise de l'Association commerciale de Ponta-Delgada — qu'on ne saurait trop féliciter en cette circonstance — notre ami a obtenu toute une série d'excellents instruments enregistreurs. C'est d'un heureux augure, et il est à espérer que l'initiative privée — à défaut du gouvernement portugais — aura la louable ambition de parachever ce

(1) « Le fond de la mer est tapissé dans toute cette région (N.-E. des Açores) d'une vase blanche formée presque uniquement de Globigérines ; des ponces et des pierres volcaniques y sont mélangées ; mais ce qui nous surprit davantage, ce fut de trouver des cailloux polis et striés par les glaces à une distance de plus de 700 milles des côtes de l'Europe. La netteté des stries ne permet pas d'admettre que ces cailloux ont été transportés par des courants, car ils auraient été roulés ; d'ailleurs ils restent à une profondeur telle que la tranquilité des eaux doit y être très grande, à en juger d'après la nature des limons qui s'y déposent. Leur présence est probablement due au transport par des glaces flottantes qui, à l'époque quaternaire, s'avançaient plus loin au Sud que de nos jours et qui, en venant fondre dans la partie de l'Océan atlantique comprise entre les Açores et la France, laissaient tomber sur le fond les cailloux et les fragments de roches arrachés au lit des glaciers et qu'elles avaient charriés jusque là ».

A. MILNE-EDWARDS : *L'expédition du « Talisman » dans l'Océan atlantique.* Bull. hebdom. de l'Assoc. scient. de France, 16 et 23 Décembre 1883.

qu'elle a si bien commencé. S. A. S. le prince de Monaco, dans une récente communication à l'Académie des Sciences, a rappelé tout l'intérêt qu'il y aurait à installer un observatoire complet aux Açores, « que leur situation met presque au centre des courbes tracées par le déplacement des perturbations atmosphériques nées sur l'Atlantique et par la circulation tourbillonnaire des courants marins superficiels (1) ». Cette manière de voir fut chaudement appuyée par M. Mascart qui ajouta que « depuis longtemps les météorologistes ont signalé l'importance que présenteraient les observations des Açores, en particulier s'il était possible de les transmettre en Europe par le télégraphe. C'est, en effet, dans cette région que paraît être l'origine des principaux troubles atmosphériques qui abordent nos côtes ».

Depuis cette époque, un cable télégraphique relie les Açores à l'Europe, et il n'est par douteux que le Portugal tiendra à honneur de compléter l'installation de l'observatoire de Ponta-Delgada. Il serait également fort utile de pourvoir cet établissement des instruments nécessaires à l'étude des poussières atmosphériques ; ces recherches fourniraient certainement des résultats intéressants au point de vue de la dispersion des organismes et du mode de peuplement des Açores. Les vents dominants sont ceux du Nord-Est, soufflant par conséquent d'Europe, et il est probable que ce facteur doit entrer en ligne de compte pour expliquer, du moins en partie, le cachet européen de la faune et de la flore açoréennes. L'étude des poussières atmosphériques, pratiquée en des points convenablement choisis, apporterait de précieux renseignements sur la question.

Mais fermons cette longue parenthèse pour revenir au climat des Açores, tel qu'il ressort des tableaux ci-dessous, tirés des bulletins de l'observatoire de Ponta-Delgada.

(1) S. A. S. ALBERT Ier, PRINCE DE MONACO : *Projet d'observatoires météorologiques sur l'Océan Atlantique*. Compt.-rend. Acad. Sciences Paris, t. CXV, p. 160, 1892.

I. — Résumé de 9,969 observations faites à l'observatoire
météorologique de Ponta-Delgada, de 1866 à 1872 (1).

	Baromètre en millimètres.	Pluie en millimètres.	TEMPÉRATURES			Humidité relative.	Jours de pluie.	Ozone.
			Maxima.	Minima.	Moyenne			
Hiver............	763.85	326.2	16.58	11.56	14.46	78.5	60	7.8
Printemps	763.05	222.0	17.70	11.79	15.19	73.7	47.4	7.3
Été.............	766.83	90.8	23.52	16.95	20.70	72.6	31	5.9
Automne........	764.25	216.4	21.27	15.52	18.91	74.9	48.5	6.7
Moyenne annuelle	764.49	855.4	19.77	13.95	17.31	74.9	186.9	6.9

II. — Résumé de 7,148 observations faites à l'observatoire
météorologique de Ponta-Delgada, de 1873 à 1877 (2).

	Baromètre en millimètres.	Pluie en millimètres.	TEMPÉRATURES			Humidité relative.	Jours de pluie.	Ozone.
			Maxima.	Minima.	Moyenne			
Hiver..........	764.11	323.3	16.21	11.28	13.93	75.7	57.4	7.2
Printemps	764.00	216.7	18.43	12.65	15.68	73.2	46.7	6.8
Été.............	767.01	89.7	23.91	17.17	20.63	70.2	34.2	5
Automne........	762.89	307.7	21.83	15.84	18.84	74	51	5.9
Moyenne annuelle	764.50	937.4	20.09	14.23	17.27	73.3	189.3	6.2

(1) *Archivo dos Açores*, t. I, p. 262.
(2) *Ibidem*, t. I, p. 450.

III. — Résumé de 2,920 observations faites à l'observatoire météorologique de Ponta-Delgada, de 1878 à 1879 (1).

	Baromètre en millimètres.	Pluie en millimètres.	TEMPÉRATURES			Humidité relative.	Jours de pluie.	Ozone.
			Maxima.	Minima.	Moyenne			
Hiver...........	764.38	242.1	17.6	12.4	15.04	75.6	43.5	7.5
Printemps	764.23	211.3	18.9	12.8	15.91	73.5	42.5	6.9
Été.............	765.45	126.6	24.8	17.6	21.26	71.3	26	5.7
Automne........	762.89	317.4	22.1	15.8	19.06	71.5	46	4.7
Moyenne annuelle	764.24	897.4	20.85	14.65	17.81	72.9	158	6.2

IV. — Résumé de 6.576 observations faites à l'Observatoire météorologique de Ponta-Delgada, de 1880 à 1885 (2).

	Baromètre en millimètres.	Pluie en millimètres.	TEMPÉRATURE			Humidité relative.	Jours de pluie.	Ozone.
			Maxima.	Minima.	Moyenne			
Hiver...........	763.31	331.80	16.84	11.19	14.01	77.49	56	6.60
Printemps	763.83	212.90	18.15	11.57	14.86	72.57	41	5.90
Été.............	766.13	109.10	24.38	16.87	20.62	74.16	26	4.90
Automne	764.30	229.20	21.71	15.20	18.45	73.84	38	5.50
Moyenne annuelle	764.39	883.00	20.27	13.71	16.79	74.51	161	5.70

Avec son obligeance habituelle, le capitaine Chaves a bien voulu me dresser le tableau suivant, qui donne assez exactement, d'après lui, une bonne idée du climat de S. Miguel, et, par conséquent, des Açores. C'est, en quelque sorte, un résumé de toutes les observations recueillies jusqu'à ce jour.

(1) *Archivo dos Açores,* t. II, p. 94.
(2) *Ibidem*, t. XII, p. 372.

	TEMPÉRATURE											DIRECTION DU VENT.								
Pression atmosphérique en millimètres, réduite à 0°C et au niveau de la mer.	Maxima (Moyenne).	Minima (Moyenne).	Moyenne.	Pluie en millimètres.	Évaporation en millimètres.	Humidité relative moyenne.	Jours de pluie.	Jours de grêle.	Jours d'orage.	Jours de brouillard.	Jours de tempête.	N.	N.-E.	E.	S.-E.	S.	S.-O.	O.	N.-O.	Calme.
Hiver...... 765.71	16.80	11.61	14.20	305.80	130.80	76.82	55	2	2	9	4	150	208	115	110	190	258	174	178	234
Printemps.. 765.51	18.20	12.20	15.25	215.70	208.50	73.24	44	2	1	4	1	205	298	55	107	140	225	185	220	221
Été........ 768.15	24.45	17.14	20.64	101.50	283.40	72.06	29	0	1	2	0	153	358	57	133	88	151	145	109	462
Automne... 765.38	24.73	15.59	18.06	267.60	195.60	73.56	46	1	2	5	1	146	299	82	103	160	226	137	121	364
Année..... 766.20	20.24	14.13	17.18	890.60	827.30	73.92	174	5	6	20	6	654	1163	309	453	587	860	641	628	1281

Enfin on trouvera aux annexes, à la fin de ce mémoire, un exposé très complet des observations détaillées faites en 1894 et un tableau donnant la pression atmosphérique horaire pendant cette même année 1894 ; c'est un document fort intéressant et qui manquait jusqu'à ce jour pour les Açores. On ne saurait trop féliciter le capitaine Chaves du zèle infatigable qu'il met au service de toutes les branches de la science.

Voici quelles conclusions nous pouvons tirer de l'étude de ces tableaux, dressés d'après un total considérable d'observations :

La hauteur barométrique moyenne est de 764,40 ;

La température moyenne de l'année est de 17^0 et se distribue ainsi suivant les saisons (1).

	Hiver	Printemps	Été	Automne
Température moyenne :	$14^0 62$	$14^0 85$	20^0	$18^0 45$

Les mois de Juillet et d'Août sont les plus chauds avec des températures maxima moyennes de $24^0 5$ à 25^0 ; les mois les plus froids ceux de Février et de Mars avec des températures minima moyennes d'environ 11^0.

Les mois de plus grande pression sont ceux de Juin et de Juillet ; de moindre pression, ceux de Novembre et de Février.

Les mois pluvieux par excellence sont ceux de Novembre et de Décembre ; c'est en Juin et en Juillet qu'il pleut le moins.

---

(1) Ces chiffres ne concordent pas complètement avec ceux qu'a adoptés ELISÉE RECLUS (*Nouvelle géographie universelle*, t. XII, p. 26) sur l'autorité de HARTUNG, qui les tenait lui-même de seconde main, les ayant glanés de droite et de gauche dans les ouvrages de Bullar, de Boid, de Blunt, de Bettencourt, etc...

Voici en effet les moyennes données par le géographe français :

	Hiver	Printemps	Été	Automne
Ponta-Delgada (S. Miguel)	$13^0 1$	$16^0 8$	$20^0 7$	$19^0 4$
Horta (Fayal)	$13^0 5$	$15^0 8$	$21^0 3$	$18^0 8$

ce qui donne pour la moyenne annuelle $17^0 7$ pour Ponta-Delgada et $17^0 3$ pour Horta.

L'évaporation est à son maximum en Août et à son minimum en Décembre.

Les mois les plus humides sont ceux de Novembre et de Décembre ; les moins humides, ceux de Juillet et d'Août.

Le nombre des jours de pluie est en moyenne de 175 par an (1), qui se traduisent au pluviomètre par une hauteur de 890 millimètres. Aussi l'humidité relative atteint-elle un chiffre élevé aux Açores, chiffre certainement supérieur pour beaucoup de points à celui de 73,92 p. $^o/_o$ fourni par l'observatoire de Ponta-Delgada : dans la vallée de Sete-Cidades, par exemple, Chaves a constaté à plusieurs reprises que son psychromètre marquait jusqu'à 93 et 94 p. $^o/_o$. Il est peu commun, pour ces raisons, de rencontrer aux Açores un ciel entièrement serein ; presque toujours, même en été, vers le matin, et surtout vers le soir, avant le coucher du soleil, d'épaisses nuées s'accrochent de toutes parts aux aspérités des cîmes et voilent la vue des sommets : il est bien rare de voir, par exemple, le Pico entièrement dégagé.

Grâce à ces excellentes conditions d'humidité et de chaleur, d'une chaleur régulière, sans brusques variations, sans grand écart hibernal (10° en moyenne), la végétation est luxuriante aux Açores, et tout le monde sait que les jardins de S. Miguel sont réputés parmi les plus beaux qu'il y ait au monde. Ceux de MM. José et Ernesto do Canto, de M. le comte de Jacome, de M. Borges sont de véritables merveilles où l'on trouve réunies les plantes les plus belles et les plus rares de l'Europe aussi bien que de l'Amérique, de l'Asie aussi bien que de l'Afrique et de l'Australie. Quant à la flore indigène, bien connue maintenant, elle a

---

(1) A Horta, les pluies sont plus fréquentes et plus abondantes encore, d'après de Bettencourt:

Jours de pluie dans l'année 196
Jours de grêle —   —   8
Quantité de pluie tombée   .... 1^m

un cachet tout à fait européen et ne comprend guère qu'un nombre restreint de formes spéciales.

La faune des Açores présente absolument les mêmes caractères dans ses grandes lignes, ainsi que Drouet (1) et Morelet (2) l'ont établi dès leurs premières recherches ; tous les travaux récents n'ont fait que confirmer ce fait (3).

Jusqu'en 1886, c'était seulement la faune marine et la faune terrestre (Mammifères, Oiseaux, Insectes, Mollusques, Arachnides) qui avaient été étudiées ; la faune lacustre, à part le Cyprin doré, l'Anguille (*Anguilla canariensis*, comme on l'appelait) et la Grenouille, était totalement inconnue, ou, pour mieux dire, il était admis qu'en dehors de ces trois formes, les eaux douces des Açores étaient privées de tout habitant (4).

A cette époque, le zoologiste allemand Simroth fit un assez long séjour dans l'archipel afin d'en étudier surtout la faune malacologique. Dans une publication de Bœttger (5), qu'il avait chargé de déterminer les Reptiles et les Batraciens des Açores et du Portugal, Simroth intercala une courte note pour dire qu'il avait trouvé dans les lacs un Copépode

---

(1) DROUET : *Faune açoréenne.*

(2) MORELET : *Notice sur l'histoire naturelle des Açores, suivie d'une description des Mollusques terrestres de cet archipel.* Paris 1860.

(3) On trouvera la liste de ces travaux dans un excellent compendium publié par M. le docteur ERNESTO DO CANTO sous le titre de : *Bibliotheca açoriana. — Noticia bibliographica das obras impressas e manuscriptas nacionaēs e estrangeiras concernentes as Ilhas dos Açores.* Ponta-Delgada 1890.

(4) Voici ce qu'écrivait M. Fouqué en 1873 (Revue *des Deux-Mondes*, avril 1873) : «Les recherches les plus minutieuses n'ont pas amené la découverte du plus petit Mollusque, ni dans les lacs, ni dans les marécages, ni dans les cours d'eau, ni dans les petites fontaines des régions montagneuses qui sont si nombreuses et jamais complètement à sec. A part la Grenouille, dont l'introduction est toute récente, l'Anguille et le Cyprin, dont l'importation me parait également certaine, les eaux douces des Açores ne contiennent d'autres organismes vivants que quelques larves d'Insectes et quelques plantes aquatiques.»

(5) BOETTGER : *Verzeichniss der von Herrn Dr Simroth aus Portugal und von den Azoren mitgebrachten Reptilien und Batrachier.* Sitzungsber. k. preuss. Akad. Wiss. Berlin, 1887, n° XII, p. 175-194.

(lequel paraissait toutefois manquer à Sete-Cidades), des larves de Libellule, des Notonectes et un Bryozoaire (sans autres déterminations). Il fit en outre paraître, dans un journal de vulgarisation, une relation de son voyage, au cours de laquelle il signala la présence, dans les auges des fontaines de Ponta-Delgada, de « petits Vers, de Crustacés de *Physa* et de *Pisidium* (1) ».

L'année suivante, au mois de Juillet 1887, le prince de Monaco, au cours de ses campagnes scientifiques sur le yacht l'*Hirondelle*, fit une relâche de quelques jours dans les îles de Fayal et de S. Miguel. Le baron de Guerne, qui était à bord, en profita pour étudier la faune des lacs de Sete-Cidades et de la Caldeira de Fayal. Les résultats de ses explorations, très fructueux étant donné le peu de temps que ce zoologiste avait pu passer à terre, parurent dans un important mémoire, rempli de détails et de considérations générales, auquel nous aurons plus d'une fois l'occasion de renvoyer le lecteur (2).

Quinze jours après le départ de l'*Hirondelle*, dont j'ignorais la croisière en ces parages, j'arrivais moi-même à Ponta-Delgada, dans le but d'instituer des recherches sur la faune lacustre de l'archipel.

L'île de S. Miguel étant la plus importante en même temps que la plus riche en lacs et en eaux douces de toute espèce, je la choisis pour quartier général. J'y suis resté six semaines, parcourant l'île en tous sens et ne négligeant

---

(1) H. SIMROTH : *Ausflüge nach der Westhalfte von San-Miguel* (Azoren). Globus, Bd. LI, n° 15, p. 236. Toute une série d'articles de Simroth ont paru dans cette même année du « Globus », soit sur S. Miguel, soit sur les autres îles : aucun n'offre d'intérêt particulier au point de vue spécial qui nous occupe. Dans un travail postérieur (*Zur Kenntnis der Azorenfauna*. Archiv für Naturgeschichte, 54 Jarhg., Bd I, p. 179 — 234, 1888). Simroth a donné, d'après Clessin, la détermination de ces deux Mollusques (*Physa acuta* Drap. et *Pisidium fossarinum* Clessin).

(2) J. DE GUERNE : *Excursions zoologiques dans les îles de Fayal et de San-Miguel* (Açores), Paris, 1888. Depuis lors M. de Guerne a publié quelques descriptions d'espèces nouvelles, de Florès principalement, sur lesquelles je reviendrai au cours de ce travail.

aucune des indications que je pouvais recueillir : en dehors
des mares, des abreuvoirs et des nombreuses fontaines que
j'ai toujours explorés sur ma route, je n'ai pas visité moins
de dix-huit torrents et de vingt-deux lacs, tant petits que
grands, compris entre 261 et 828 mètres d'altitude, dont
la plupart ne figurent même point sur la carte du capitaine
Vidal.

Ces lacs ont tous une même origine ; le rassemblement
des eaux du ciel au fond d'un cratère éteint, de ce qu'on
appelle une *Caldeira* (chaudière) aux Açores. Le climat des
îles est, nous l'avons vu, d'une humidité extrème : les
pluies sont fort fréquentes et les hauts sommets des pics
sont revètus d'une épaisse couche de Mousses spongieuses
(*Sphagnum cymbifolium*) sur laquelle se condense incessamment la vapeur d'eau des nuées. Ces Sphaignes, ainsi
imbibés, laissent suinter en abondance de minces filets
d'eau qui, en se réunissant, forment de véritables torrents
dont les uns s'écoulent jusqu'à la mer, tandis que les autres,
suivant jusqu'au fond les pentes internes des cratères,
viennent s'ajouter aux pluies accumulées, donnant ainsi
naissance à ce que les Açoréens appellent un *Lagoa*. Certains
de ces Lagoas sont de véritables lacs, et par leur étendue,
et par leur profondeur, d'autres sont bien plutôt de simples
mares, parfois même des marécages.

Bien que S. Miguel ait été plus particulièrement exploré
par moi que les autres îles, j'ai pu néanmoins faire
d'intéressantes observations à Terceira et à Fayal, enfin j'ai
profité d'une courte escale à S. Jorges et à Gracioza pour
donner quelques coups de filet dans les fontaines de Villa
das Vellas (S. Jorge) et de Santa-Cruz (Gracioza). Les
résultats généraux de ces recherches ont été publiés dans
une série de notes préliminaires (1).

---

(1) *Matériaux pour servir à l'étude de la faune des eaux douces des Açores.*
I. *Hydrachnides*, par THÉOD. BARROIS, Lille 1887.
II. *Rotifères* et III. *Protozoaires*, par THÉOD. BARROIS, Lille 1888.
IV. *Crustacés*, par THÉOD. BARROIS ET R. MONIEZ, Lille 1888.

Désireux d'arriver à une connaissance plus complète de la faune des eaux douces açoréennes, j'ai prié le capitaine Chaves, de vouloir bien revoir la plupart des localités de l'île de S. Miguel que j'avais visitées, afin d'y faire des recherches complémentaires et à des époques différentes. Avec une complaisance dont je ne saurais trop le remercier, cet infatigable et sagace observateur s'est acquitté de ce soin durant les années 1887, 1888 et 1889, m'adressant presque tous les mois le produit de ses pêches. Son activité ne s'est d'ailleurs point borné à S. Miguel ; profitant d'un séjour à Fayal, et à Santa-Maria , il m'a envoyé sur l'histoire naturelle de ces îles les documents les plus intéressants. Aussi les résultats qui vont suivre sont-ils dus, pour une très large part, à son incessante collaboration. De plus, Chaves a poussé l'obligeance jusqu'à revoir toutes mes épreuves , ajoutant jusqu'au dernier moment quelque observation nouvelle, comblant certaines lacunes, revoyant l'orthographe de tous les mots portugais.

Je dois aussi des remerciements tout particuliers au Dr Ernesto do Canto, dont la vaste érudition m'a été souvent bien précieuse ; au comte de Fonte-Bella qui, avec la plus exquise obligeance, a mis à notre disposition les barques qu'il possède sur le lac de Furnas, y compris l'équipage, et nous a ainsi permis d'opérer de fructueuses récoltes (1) ; au Dr Caetano de Andrade Albuquerque enfin, qui nous a fait la même gracieuseté à Sete-Cidades. Qu'ils veuillent bien accepter ici l'expression de ma plus profonde reconnaissance.

J'ai divisé mon travail en trois parties : la première, de beaucoup la plus documentée et la plus importante, traitera de la faune des lacs ; la seconde, plus brève, sera consacrée à l'étude zoologique des eaux stagnantes (mares, étangs,

---

(1) Depuis que ces lignes ont été écrites, nous avons appris avec regret la mort de ce généreux ami de la science, survenue au mois de Juin 1894.

abreuvoirs) ; la troisième enfin se bornera à une rapide énumération des espèces rencontrées dans les torrents.

Ces recherches sur la faune açoréenne sont terminées depuis longtemps déjà, et mon manuscrit gisait aux deux tiers rédigé au fond de mes cartons. Des circonstances indépendantes de ma volonté, un long voyage en Orient, les événements tour à tour heureux et malheureux dont est tissée la vie de tout homme, m'ont empêché de le mettre complètement au point jusqu'à ce jour. Aussi mon travail se ressentira-t-il sans doute de cet arrêt de plus de cinq années dans sa rédaction définitive : c'est pourquoi je crois devoir faire appel à la bienveillance du lecteur.

Lille, le 1er *Octobre* 1895.

PREMIÈRE PARTIE

FAUNE DES LAGOAS

J'ai dit plus haut quelle était l'origine uniforme des *Lagoas* açoréens, et par suite de quelles conditions physiques ils s'étaient formés au fond des Caldeiras éteintes. De ces Lagoas, quelques-uns seulement sont de véritables lacs, au sens que nous attachons à ce mot, c'est-à-dire de vastes étendues d'eau douce, atteignant au moins quinze à vingt mètres de profondeur ; la plupart ne sont que de grands étangs, quelques-uns même ne dépassent point les proportions d'une mare. J'ai cru bon pourtant d'en grouper l'étude sous une même rubrique, à cause de leur communauté d'origine.

ILE DE S. MIGUEL.

On rencontre des Lagoas dans la plupart des îles açoréennes, mais c'est surtout à S. Miguel qu'ils sont le plus répandus et le plus typiques, principalement dans la partie occidentale de l'île. C'est là que nous avons pu les étudier dans les meilleures conditions. Ces Lagoas sont disposés en deux groupes, ceux de la région occidentale et ceux de la région orientale ; nous avons adopté, pour plus de clarté, cette division toute naturelle, qui correspond d'ailleurs à une disposition géologique très intéressante. Voici en effet ce que dit M. Fouqué : « L'importance de l'inégalité du sol et le degré d'altération des roches sont les principaux signes auxquels on reconnaît l'ancienneté d'un terrain d'origine éruptive. En considérant l'île de S. Miguel à ce double point de vue, on s'aperçoit bientôt qu'elle présente à

ses deux extrémités, deux régions dont l'âge est plus
ancien que celui de la partie moyenne. Ces deux régions,
l'une orientale, l'autre occidentale, ont formé autrefois
deux îles distinctes, plus séparées que Pico ne l'est de
Fayal, la première allongée de l'Est à l'Ouest, la seconde
du Nord-Ouest au Sud-Est. L'intervalle entre les deux îles
a été comblé par une série d'éruptions. Une multitude de
cônes volcaniques se sont élevés dans cet espace, et
d'innombrables coulées de lave s'y sont déversées de
manière à former de part et d'autre une sorte de plaine
rocailleuse. Les cendres et les lapilli projetés dans les
éruptions se sont répandus au milieu des roches, et tous
ces détritus, modifiés par l'action de l'humidité, ont
constitué une terre végétale d'une incomparable fertilité.
C'est la partie la plus riche et la plus peuplée de S.
Miguel (1) ».

RÉGION OCCIDENTALE DE L'ILE DE SAN-MIGUEL.

Lorsqu'on jette les yeux sur la carte du capitaine Vidal,
qui représente l'île de S. Miguel à grande échelle, l'attention
est attirée surtout par la disposition particulière de l'immense Caldeira das Sete-Cidades. Au fond, sont les grands
lacs, le Lagoa grande et le Lagoa azul; quatre cratères
secondaires figurent en outre dans la cuvette du volcan
éteint, deux par deux, de chaque côté de la nappe liquide :
ceux de la partie occidentale seulement sont portés comme
abritant chacun un lac (2).

Au Sud-Est de la Caldeira das Sete-Cidades, entre le Pico
da Cruz et le Pico do Carvão (3), on remarque sur la carte

---

(1) FOUQUÉ : *Voyages géologiques aux Açores*. Revue des Deux-Mondes.
LXIIIᵉ année, 2ᵐᵉ pér.. t. 104, p. 829, 1873.

(2) Nous verrons plus loin qu'il s'agit ici du Lagoa de la Caldeira grande et du
Lagoa Raza I.

(3) Seuls les Lagoas do Cedro, do Peixe, do Cavallo et das Cannas sont situés
un peu en dehors de cette région, au Sud-Est du Pico do Carvão.

du capitaine anglais une série de lacs, sans appellation, comme on peut le voir sur la reproduction ci-jointe (Fig. 1). Je les ai désignés chacun par une lettre pour plus de commodité. Il est assez difficile de dire au juste combien Vidal a eu l'intention de figurer de lacs sur sa carte : pour *a*, *b*, *c*, *d*, *e*, il n'y a point d'hésitation possible, mais nous n'oserions affirmer que les deux petits cratères *f* et *g* se rapportent bien à des lacs.

Même en l'admettant, Vidal aurait signalé en tout, dans cette région (la Caldeira de Sete-Cidades n'est naturellement pas comprise), *sept* lacs, sans en désigner un seul par son nom. Guidé par mon excellent ami Chaves, j'ai pu en explorer seize, que l'on trouvera reportés, avec leur appellation locale, sur la carte I qui accompagne cet ouvrage. Cette carte, que nous avons dressée de compagnie — en ce qui concerne les Lagoas, naturellement (1) — n'a pas d'autre prétention

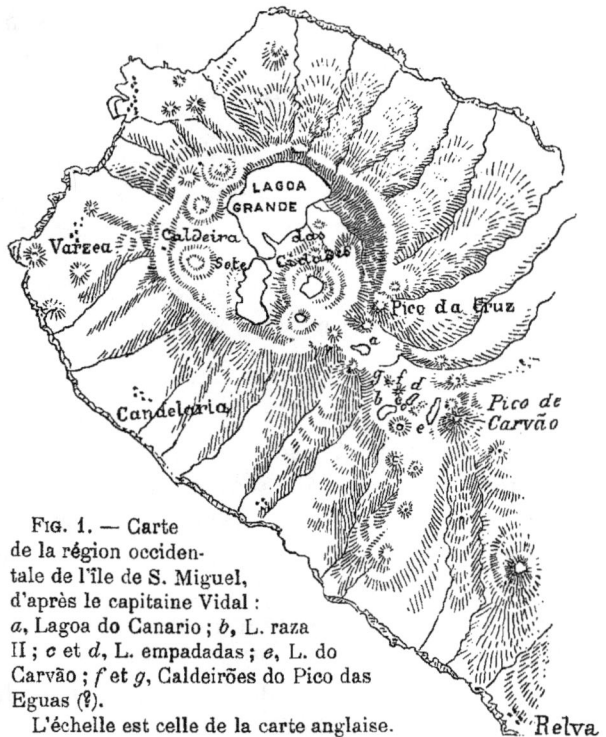

FIG. 1. — Carte de la région occidentale de l'île de S. Miguel, d'après le capitaine Vidal : *a*, Lagoa do Canario ; *b*, L. raza II ; *c* et *d*, L. empadadas ; *e*, L. do Carvão ; *f* et *g*, Caldeirões do Pico das Eguas (?).
L'échelle est celle de la carte anglaise.

_____

(1) L'ensemble a été établi d'après la carte du capitaine Vidal, grossie trois fois.

que de donner à vol d'oiseau la position et les dimensions approximatives de tous les petits lacs que nous avons visités.

Dès qu'on veut entrer dans les détails, l'orographie de l'île S. Miguel, sur la carte do Vidal, laisse beaucoup à désirer ; nous avons dû nous en contenter puisque c'est encore le meilleur document qui existe jusqu'à ce jour mais — nous insistons sur ce point — cette insuffisance nous a empêché de figurer ces lacs avec toute l'exactitude désirable.

En voici les noms avec les altitudes.

Lagoa do Canario.	763 m
Lagoa do Junco.	795 m
Lagoa do Pao-Pique	719 m
Lagoa Raza II.	795 m
Lagoa do Carvão	698 m
Lagoa do Cedro	578 m
2 Lagoas empadadas	762 m
2 Caldeirões (1) do Pico das Eguas .	828 m
Caldeirão da Vacca-Branca. . . .	769 m
2 Caldeirões da Lagoa Raza. .	793 et 796 m
Lagoa do Peixe	623 m
Lagoa do Cavallo, ou da Achada. .	592 m
Lagoa das Cannas	594 m

Il est aisé d'identifier les lacs figurés nettement par Vidal avec quelques-uns de ceux que je viens de citer :

a se rapporte au Lagoa do Canario.

b au Lagoa Raza II.

c au Lagoa empadada (de baixo).

d au Lagoa empadada (de cima).

e au Lagoa do Carvão.

Pour *f* et *g*, il est difficile de rien affirmer, mais je pense qu'on ne saurait guère les assimiler qu'aux Caldeirões do Pico das Eguas, à moins que *g* ne s'entende du Lagoa do Junco, ce qui semble peu probable.

---

(1) Diminutif de *Caldeira*. Caldeirão au singulier, et Caldeirões au pluriel.

CALDEIRA DAS SETE-CIDADES.

Parmi les nombreuses Caldeiras açoréennes, celle de Sete-Cidades est de beaucoup la plus vaste et la plus pittoresque ; nul voyageur n'a relâché à S. Miguel sans faire les deux excursions classiques du *Valle das Furnas* et de la *Caldeira das Sete-Cidades* : les descriptions en ont été reproduites dans tous les traités de géographie quelque peu complets. Je me bornerai donc, si tentante que puisse être la pensée d'évoquer sous ma plume le souvenir de ces sites merveilleux, à rapporter ici les renseignements physiques et géographiques nécessaires au but que je me propose.

La traduction littérale de *Sete-Cidades* est *Sept-Cités ;* quant à l'origine de cette dénomination, elle reste absolument nébuleuse, et il faut regarder comme des légendes fabriquées par des touristes à l'imagination féconde les explications qui en ont été généralement données. Le seul inconvénient de ces poétiques interprétations est qu'elles arrivent à être imprimées comme des réalités et à se glisser dans certains ouvrages scientifiques. On en jugera par cet extrait de l'intéressant volume de M. Edm. Perrier, *Les explorations sous-marines* (Paris, 1886, p. 86) : « A S. Miguel les éruptions volcaniques ne remontent pas à une date très ancienne. La dernière eut lieu en 1652, et l'on garde le souvenir de l'effondrement subit d'un plateau dans lequel sept villages furent engloutis d'un seul coup, laissant à leur place un lac nommé le lac de *Sete-Cidade (sic)* ou des Sept-Villes.... »

Comme on le verra plus loin le cratère de Sete-Cidades devait être à peu près dans les conditions actuelles à l'époque où eut lieu, aux environs de 1444 (?), la dernière éruption que l'histoire ait enregistrée en cet endroit. C'était l'année même où Velho Cabral, retournant en Portugal, laissa sur les rives de S. Miguel quelques Maures que les cataclysmes plutoniques maintinrent éloignés de Sete-Cidades et qui n'avaient certes pas eu la moindre velléité d'y édifier sept villes, ou même sept villages !

La seule explication plausible est la suivante : le cratère a de si vastes proportions que sept cités y tiendraient à l'aise... Et encore n'est-ce là qu'une pure hypothèse.

Située à l'extrémité N.-O. de l'île de S. Miguel, l'immense Caldeira das Sete-Cidades est presque régulièrement circulaire, mesurant un peu plus de 5 kilomètres dans son plus grand diamètre, c'est-à-dire de l'E.-S.-E. à l'O.-N.-O. En admettant (ce qui est bien près de la vérité) que le diamètre moyen soit de 5 kilomètres, le développement de la crête (*Cumieira*, en portugais) s'étend sur une longueur d'environ 15^{k}5. Le point culminant de l'enceinte est le *Pico da Cruz*, au S.-E., dont la cîme s'élève à 846 mètres ; la route de *Lomba da Cruz* pénètre dans le cratère à la côte 558, celle de Mosteiros à la côte 443. Les flancs intérieurs de la caldeira sont merveilleusement boisés d'essences diverses, en particulier de Pins et de Cryptomerias, sous les ombrages desquels le sentier descend en serpentant, bordé à droite et à gauche d'épais buissons où les Pinsons, les Fauvettes (*Sylvia atricapilla*) et les Merles chantent et sifflent joyeusement.

Au fond du cratère éteint dorment deux lacs, séparés seulement par une étroite chaussée, et communiquant d'ailleurs entre eux. Ces deux lacs sont orientés du Nord au Sud ; le plus grand, qui est en même temps le plus septentrional, s'appelle *Lagoa grande,* le plus petit porte le nom de *Lagoa azul* (lac bleu). Comme dans la plupart des volcans refroidis d'une certaine importance, le cratère principal a vu se former sur ses flancs plusieurs cratères secondaires, dont quatre offrent la configuration de véritables *caldeiras* ; ce sont : la *Caldeira secca* et la *Caldeira do Alferes* à l'Ouest; la *Caldeira grande* (appelée aussi *Caldeira do Peixe*) et la *Caldeira da Lagoa raza* à l'Est. Comme son nom l'indique, la *Caldeira secca* demeure toujours à sec ; le fond des trois autres au contraire est occupé par une nappe d'eau dont la profondeur varie beaucoup suivant les pluies et suivant les saisons.

Le reste du cratère est cultivé par les habitants d'un petit village dont les misérables maisons et la modeste église jettent une note claire et riante malgré tout, sur le fond sombre des taillis et des champs de maïs. La végétation est merveilleusement riche dans la cuvette de Sete-Cidades, en raison de la grande humidité qui y règne : le psychromètre y marque en moyenne 10 p. % en plus qu'à Ponte-Delgada, et il n'est pas rare de voir l'index s'élever jusqu'à 93 et 94 (la saturation étant à 100) ! La température y est au contraire plus basse de 2 à 3 degrés, mais elle est moins uniforme, et le capitaine Chaves y a observé dans la même journée une différence de 13° entre des températures extrèmes prises à l'ombre (par exemple le 22 Juillet 1895, le thermomètre, à l'ombre, marquait 10° à 5 heures du matin et 23° à midi).

Si l'on en croit la légende établie par Fructuoso (1), le cratère de Sete-Cidades aurait brusquement pris naissance durant l'éruption qui, en 1444 (?), l'année même de la découverte, secoua toute la partie Nord-Ouest de l'île de S. Miguel. Cette tradition a été adoptée par nombre d'auteurs et, récemment encore, de Guerne faisait ressortir (2) tout l'intérêt que présente pour le zoologiste la connaissance de la date *presque certaine* de la formation du cratère de Sete-Cidades. Ladite date est pourtant bien sujette à caution, comme nous allons le voir :

Voici tout d'abord le résumé du texte de Gaspar Fructuoso, extrait d'un très intéressant article publié dans *Archivo dos Açores* (3) :

« Après la découverte de S. Miguel (4), les explorateurs

(1) GASPAR FRUCTUOSO, écrivain açoréen du XVIe siècle, a laissé un ouvrage intitulé : *Saudades da Terra e do Ceo* (Souvenirs de la terre et du ciel). Il était originaire de Ribeira-Grande (île de S. Miguel), où il est mort le 24 Avril 1591.

(2) JULES DE GUERNE : *Excursions zoologiques*, etc..., p. 10.

(3) Voir : *Anno de 1444* (?) dans « Archivo dos Açores », segunda ediçāo, vol. primeiro, n° III, 1885, p. 269 et suivantes.

(4) Fr. Gonçallo Cabral avait débarqué pour la première fois à S. Miguel le 8 Mai.

reprirent la route du Portugal, les yeux tournés vers l'île jusqu'à ce qu'ils la perdîssent de vue. Ils notèrent avec soin la silhouette de S. Miguel, afin de pouvoir la reconnaître plus tard, et remarquèrent l'existence, dans la région Ouest, d'un grand pic qui dominait tous les autres.

« A peine les caravelles étaient-elles de retour à Sagres, dans la mère-patrie, que l'infant don Henrique organisa, à destination des Açores, une nouvelle expédition dont il confia encore le commandement au pilote Fr. Gonçallo Velho ; cette expédition emportait tout particulièrement des graines et des légumes, que les hardis navigateurs se proposaient d'acclimater dans l'archipel.

« La flotte quitta donc Sagres et, après une heureuse traversée, arriva en vue de S. Miguel, que le pilote ne reconnut point tout d'abord ; il ne retrouvait plus en effet le grand pic qu'il avait remarqué dans la région Nord-Ouest, tout près de la pointe de Mosteiros, en l'endroit où se trouve situé maintenant le cratère de Sete-Cidades.

« Le 29 Septembre, jour de la fête de l'archange St-Michel, Velho débarqua pour la seconde fois sur la rive de S. Miguel, et retrouva quelques colons qu'il avait laissés dans l'île lors de son premier voyage. Ces malheureux habitaient Povoação (1), sur le versant Sud ; ils racontèrent au pilote que, durant toute l'année, l'île avait été en proie à des tremblements et à des secousses terribles, accompagnés de grondements effrayants, et qu'ils auraient certainement fui ces contrées bouleversées, s'ils avaient eu quelque barque à leur disposition ».

Ici s'arrête, dans les *Archivo dos Açores*, la citation empruntée au vieux chroniqueur ; l'auteur anonyme de l'article, qui n'est autre, selon toute probabilité, que M^r le Docteur Ernesto do Canto, l'infatigable et dévoué fondateur-directeur des Archives, fait suivre cette relation de quelques

---

(1) Ce bourg existe encore aujourd'hui sous le même nom.

réflexions, que nous croyons devoir reproduire, sur l'époque
de la découverte de l'île.

Selon Mr Ernesto do Canto, la date de 1444 est certainement controuvée ; non seulement il est surabondamment
prouvé maintenant que S. Miguel avait été déjà visitée par les
Portugais en 1439, mais il est plus que probable que cette île
a été découverte en même temps que l'île de Santa-Maria,
ou tout au moins dans la même année, c'est-à-dire en 1432.
Comme l'éruption a eu lieu entre le premier et le second
voyage, la date n'en peut donc être fixée d'une manière
absolue : elle oscille entre 1432 et 1444.

Hartung, d'autre part, qui s'est occupé au point de vue
géologique de la formation du cratère de Sete-Cidades, a été
amené par ses observations à croire que, contrairement au
dire de Fructuoso, la dernière éruption (1444 ?) n'a pu donner
naissance à cet énorme cirque. Voici les faits sur lesquels
se base le géologue allemand (1) pour combattre l'opinion
du vieux chroniqueur açoréen : Les parois du plus grand
des cratères secondaires, la *Caldeira grande*, sont recouvertes
de débris de tuff, de ponces, d'obsidienne, etc.... ; à l'Est,
au Nord-Est et au Nord, ces roches forment probablement
en majeure partie les flancs mêmes du cratère, tandis qu'à
l'Ouest on voit partout affleurer sous ces débris les roches
de lave trachytique. Sous les fragments de tuff, de ponces,
d'obsidienne, dont certains blocs atteignent jusqu'à deux et
trois pieds de diamètre, on rencontre des galets de lave
arrondis et polis par les eaux, ainsi que de puissants troncs
d'arbres. A la base d'une ce ces couches, atteignant au
moins cent pieds d'épaisseur, Hartung a trouvé deux troncs
de *Juniperus brevifolia*, dont l'un mesurait un pied et demi
de diamètre et l'autre deux pieds et demi.

Cette partie du cratère devait donc être boisée — et les
galets de lave avaient été déjà arrondis par érosion — au

---

(1) HARTUNG, *loc. cit.*, p. 199.

moment où se produisait l'éruption qui recouvrit ces arbres et ces galets. Ce fait démontre péremptoirement qu'il est impossible d'admettre, comme le veut Fructuoso, que la dernière éruption, celle qui a eut lieu entre le moment de la découverte et le retour des Portugais, ait intéressé toute la vallée de Sete-Cidades. Les fragments de tuff, de ponces, etc., recouvrant en maint endroit les vestiges de la superbe végétation qui s'étalait autrefois sur les flancs des cratères secondaires, proviennent sûrement de la dernière éruption qui a eu lieu dans la Caldeira das Sete-Cidades, or, la catastrophe de 1444 (?) est bien la dernière que l'histoire ait enregistrée: c'est donc elle qui a enseveli sous ses déjections les galets arrondis et les troncs de *Juniperus*. Il s'en suit tout naturellement que le cratère de Sete-Cidades était déjà en 1444 (?), au moins dans son ensemble, tel que nous le connaissons aujourd'hui.

C'est également l'avis du capitaine Chaves, qui explore si consciencieusement, au point de vue de l'histoire naturelle, l'île S. Miguel. Voici ce que ce savant, aussi distingué que modeste, veut bien écrire à ce sujet : « Sur les flancs de la *Caldeira grande*, du côté de la *Grotta do Inferno* (1), tout près du Pico da Cruz, on trouve à la surface du sol, ou à une très faible profondeur, de grandes quantités de roches diverses : andésites, trachytes, et basaltes, qui ne se rencontrent point dans le reste du cratère de Sete-Cidades, plus spécialement formé de tuffs et de couches de pierre-ponce ». Sans entrer ici dans plus de détails nous pouvons dès maintenant dire que les observations de notre ami le conduisent à penser, comme Hartung, que la vallée de Sete-Cidades était formée longtemps avant le cataclysme de 1444 (?); M. Chaves croit en outre pouvoir avancer que cette dernière grande éruption a eu lieu aux environs du Pico do Carvão, c'est-à-dire au Sud-Est de Sete-Cidades, dans la région des petits lacs.

(1 Les Portugais désignent par ce mot de *Grotta* le lit desséché d'un torrent.

LAGOA GRANDE ET LAGOA AZUL.

Ces deux lacs, qui occupent le fonds du cratère de Sete-Cidades, communiquent ensemble, et, en réalité, n'en font qu'un.

Désireux d'obtenir quelques notions, si rudimentaires qu'elles fûssent, sur la composition générale des eaux des lacs açoréens, j'ai rapporté un litre d'eau de chacun des quatre grands lacs de l'île de S. Miguel : Sete-Cidades, Fogo, Furnas et Congro. Mon excellent ami, le professeur Lambling, auquel j'adresse mes plus affectueux remerciements, a bien voulu examiner ces échantillons et me donner les renseignements suivants :

Eau de Sete-Cidades : léger dépôt floconneux, jaunâtre, de nature organique ; saveur très légèrement saumâtre ; réaction neutre.

A l'analyse, on trouve, pour 1000 cc. d'eau filtrée :

Résidu fixe (desséché à + 115°).............. 0$^{gr.}$157
Matières organiques........ .... 0 057
Matières minérales 0 100
Chlore (exprimé en chlorure de sodium) (1)... 0 040

---

(1) Il est intéressant de rapprocher ces chiffres de ceux que M. Fouqué (*Les Eaux thermales de l'île de S. Miguel*, p. 65, Lisbonne, 1873) a obtenu en analysant l'eau douce de l'hôpital de Furnas. Un litre de cette eau, *à réaction alcaline prononcée*, soumis à l'ébullition, abandonne 22 centimètres cubes d'un mélange gazeux composé de :

Acide carbonique 54,5
Azote.................................. 31,9
Oxygène............................... 13,6
                                       ────
                                       100

Un litre d'eau évaporé donne un résidu pesant 0 gr. 137 et les données immédiates de l'analyse peuvent s'interpréter comme suit :

Carbonate de soude..................... 0$^{gr.}$040
Sulfate de soude....................... 0 002
Chlorure de sodium..................... 0 075
Silice................................. 0 020
                                       ─────
                                       0$^{gr.}$137

Altitude. — Le chiffre de 866 pieds anglais, soit 263^m,87, rapporté sur la carte du capitaine Vidal et adopté par E. Reclus (264^m), est un peu trop élevé ; j'en dirai autant, à plus forte raison, de la cote 270^m (886 pieds anglais), donnée par M. Drouet (1). De Guerne a d'abord accepté ce dernier chiffre (2), pour adopter, en dernière analyse, celui du capitaine Vidal (3). D'une série d'observations faites avec le plus grand soin par le capitaine Chaves, avec l'altimètre de Höttinger, il résulte que le niveau des deux lacs principaux de Sete-Cidades (Lagoa grande et Lagoa Azul) se trouve exactement à 261^m au-dessus du niveau de la mer.

Dimensions. — Les deux lacs, nous l'avons dit, sont orientés du Nord au Sud, et situés par conséquent l'un à suite de l'autre ; de l'extrémité septentrionale du Lagoa grande à l'extrémité méridionale du Lagoa azul, on compte 4.240^m, d'après la carte du Dr Machado de Faria e Maia, sur laquelle ont été prises toutes les données qui ont servi de base à nos calculs. Ces 4.240^m se subdivisent comme suit : 2.670^m pour le Lagoa grande, 1.570^m pour le Lagoa Azul. Ce dernier mesure au plus 830^m dans sa plus grande largeur, tandis que le grand lac atteint jusqu'à 2.230^m. En calculant aussi exactement que possible, la surface de ces deux nappes d'eau, on arrive aux chiffres suivants (4) :

Surface du Lagoa grande .... 392 hectares.

—   Lagoa azul............ 90   —

— des deux lacs réunis 482   —

---

(1) Drouet. *Faune açoréenne*, p. 305.

(2) De Guerne. *Excursions zoologiqnes dans les îles de Fayal et de S. Miguel*, etc., p. 11.

(3) De Guerne. *Sur les lacs de l'île de S. Miguel*. Comptes-rendus des séances de la Commission centrale de la Société de géographie de Paris, juin 1888, p. 2.

(4) De Guerne a obtenu des chiffres qui diffèrent un peu de ceux-ci (voir

Quant au volume approximatif des lacs que de Guerne
a essayé d'établir, soit par la méthode de Forel (multiplier
la surface par le tiers de la profondeur maximum), soit
en multipliant la superficie du lac par le tiers de la
moyenne des profondeurs indiquées par les sondes, les
procédés employés ne peuvent en donner qu'une idée
très imparfaite, et la meilleure preuve en est dans les
chiffres ci-dessous, rapportés par de Guerne :

	Méthode de Forel.	Méthode de de Guerne.
Lagoa grande	31.500.000 m3	12.500.000 m3
Lagoa azul	5.800.000	3.500.000

Quel que soit l'intérêt qu'il puisse y avoir, au dire de
Forel, à connaître le volume d'un lac, on voit avec quelle
réserve il faut accueillir les chiffres généralement donnés,
qui peuvent, dans certains cas (Lagoa grande), varier
presque du simple au triple !

Profondeur. — La carte du capitaine Vidal, à laquelle il
nous faut toujours revenir, car elle constitue le plus précieux
des documents pour l'histoire physique des Açores, indique
comme profondeur maxima 26^m pour le Lagoa grande
et 22^m pour le Lagoa azul. Ces chiffres sont certainement
trop bas : De Guerne a relevé le 10 juillet 1887, dans la
partie Nord du Lagoa grande, une profondeur de 30^m;
le capitaine Chaves a vu la sonde marquer 29^m,20 dans les
mêmes parages, et 25^m dans la partie méridionale du
Lagoa azul. Enfin, plus récemment, ce zélé naturaliste
m'a communiqué le calque d'un plan fort soigné, dressé

DE GUERNE : *Excursions zoologiques*, etc., p. 11), et que je reproduis ci-
dessous :

Surface du Lagoa grande	310 hectares.
— Lagoa azul.................	84 —
— des deux lacs réunis	394 —

Cela tient à ce que ces mesures ont été calculées d'après la carte de Vidal,
qui n'est pas suffisamment exacte.

d'après de nouveaux relevés par le Dr M. A. Machado de Faria e Maia (1), duquel il résulte que la profondeur maximale du Lagoa grande est de 29^m,70 et celle du Lagoa azul de 25^m,40. Quant au chiffre erroné de 58 brasses (106^m), indiqué par Walker (2) et reproduit sans contrôle par E. Reclus (3), de Guerne en a fait bonne justice en montrant qu'il s'agissait d'une simple erreur de lecture, Walker ayant rapproché deux chiffres (5 et 8) absolument distincts, quoique placés assez près l'un de l'autre sur la carte du capitaine Vidal.

En prenant comme base les sondages indiqués sur le plan du Dr Machado de Faria e Maia. j'ai essayé d'établir une carte bathymétrique, aussi exacte que possible, des deux grands lacs de Sete-Cidades (voir carte III, à la fin du volume).

Température. — Nos connaissances sur la régime thermique des eaux douces des Açores sont absolument nulles, et de Guerne n'en a parlé que pour signaler leur état plus que rudimentaire. J'espère pouvoir combler en partie cette lacune grâce aux documents que j'ai pris soin de recueillir en toute occasion, et surtout grâce aux observations nombreuses et suivies que le capitaine Chaves a bien voulu faire avec son zèle habituel.

Les Lagoas das Sete-Cidades étant les seuls lacs vraiment dignes de ce nom par leur profondeur et par leur étendue, il y avait grand intérêt à en établir soigneusement le régime thermique.

» Chaque lac — ainsi que l'écrivait tout récemment encore le Professeur Forel, dont on connait la haute compé-

---

(1) *Planta da Lagoa deis Sete-Cidades, na ilha de S. Miguel, Açores,* mandada levemtar em julho de 1889, pelo D^{or} MARIANNO AUGUSTO MACHADO DE FARIA E MAIA, director das Obras Publicas

(2) WALKER. *The Azores or Western Islands,* p. 58. London 1886.

(3) E. RECLUS. *Géographie universelle,* t. XII, p. 46, 1887.

tence en tout ce qui touche à la limnologie — a son caractère thermique spécial, et mérite d'être étudié et décrit à ce point de vue (1) ». Et, après avoir montré comment les eaux d'un lac sont soumises à des variations de chaleur résultant de l'absorption ou de l'émission calorique des corps qui l'entourent de près ou de loin, ou qui sont enfermées dans ses couches, le savant professeur résume ainsi, en quelques phrases très claires, la théorie générale de la thermique d'un lac :

« Il y a donc d'une part des actions nombreuses qui tendent à différencier, au point de vue thermique, les diverses couches et les diverses régions du lac. Mais, d'une autre part, cette différenciation tend sans cesse à être annulée ; les eaux les plus chaudes tendent à réchauffer les eaux les plus froides, et vice-versa ; Il y a tendance à revenir à l'uniformisation de la température. L'action de l'uniformisation se produit dans l'intimité des masses d'eau du lac par deux ordres de phénomènes :

» Ou bien des phénomènes de *conduction*, propagation de la chaleur d'une couche à l'autre, sans qu'il y ait déplacement des masses d'eau ; ou bien des phénomènes de *convection* dans lesquels certaines masses d'eau se déplacent et vont se loger entre des couches de température différente. La convection est d'origine thermique lorsque le déplacement se fait par suite des changements de densité dus au réchauffement ou au refroidissement d'une couche d'eau ; la convection est d'origine mécanique lorsqu'elle provient d'une impulsion extérieure (2) ».

Il était intéressant d'étudier l'application de ces principes dans des lacs d'altitude moyenne (261 m.) et peu profonds (25^m,40 et 29^m,70) comme ceux de la Caldeira de Sete-

---

(1) F. A. FOREL, *Le Léman, Monographie limnologique*, t. II, p. 306, Lausanne, 1895.

(2) FOREL : *ibidem*, p. 270-271.

Cidades où l'eau est extrêmement pure, où, grâce à la
latitude, on n'observe jamais de températures extrêmes,
ni très élevées, ni très basses ; où la température moyenne
de l'atmosphère (au-dessus des Lagoas) est d'environ 15° ;
dans des lacs qui n'ont point d'émissaires et ne reçoivent
pas d'affluent, car on ne peut compter comme tels les
deux sources (Rivière dos Moinhos et Salto de Estrello)
d'un faible débit, d'une température constante et relativement élevée (14°), qui s'y jettent, en dehors des torrents
formés par les eaux de pluie. Ces conditions bien connues,
on pouvait présumer que l'échauffement et le refroidissement
des eaux devaient se faire presque uniquement par convection thermique (1), et avec une grande régularité, qu'en un
mot, le régime thermique devait être « une fonction simple et
à peu près unique de l'économie météorologique (2). » C'est
ce que Chaves a eu la bonne fortune de démontrer d'une
manière parfaite grâce à de longues et patientes observations, menées avec une rare constance durant sept années,
à l'aide des meilleurs instruments.

Les documents qui vont suivre sont donc son œuvre
personnelle, ainsi d'ailleurs que la majeure partie des
considérations générales qui les commenteront.

---

(1) En raison de l'encaissement des lacs, les vents doivent avoir sur eux peu
de prise, et la convection mécanique doit être probablement très faible.

(2) C'est l'expression employée par Thoulet, auquel Chaves a communiqué
ses résultats (J. THOULET : *Contribution à l'étude des lacs des Vosges,* p. 27.
Extrait du Bulletin de la Société de géographie de Paris, 4e trimestre, 1894).

Distribution de la Température dans les   deux grands Lacs de SETE-CIDADES.

LACS.	Profondeur en MÈTRES.	PÉRIODE D'HIVER.						PÉRIODE DE PRINTEMPS			ET D'AUTOMNE.			PERIODE D'ÉTÉ.						PROFONDEUR en mètres.
		3 et 4 Janvier 1889	5 à 7 Mars 1891	21 et 22 Mars 1893	6 Avril 1894	MOYENNE		18 à 22 Avril 1890	27 Mai 1891	27 et 28 Nov.bre 1894	MOYENNE		3 à 5 Août 1888	10 à 23 Sept.bre 1891	19 et 20 Juillet 1891	14 à 16 Août 1893	23 Juillet 1894	MOYENNE		
	Température extérieure près de la surface.	11°,25	13°,40	12°,00	11°,20	11°,80	14,00	16°,00	17°,70	17°,00	19,78	1°,30	22°,00	20°,00	22°,00	21°,50	21°,40	21°,52	2°,00	10°,80	
LAGOA GRANDE.	0	13°,00	14°,00	12°,00	12°,00	12°,75	2°,00	16°,00	17°,00	16°,20	16°,40	1°,30	23°,00	21°,50	22°,50	21°,75	21°,50	22°,07	1°,50	11°,00	1m
	2m	13°,00	13°,75	12°,00	12°,00	12°,31	1°,75	16°,00	17°,00	16°,00	16°,00	2°,00	23°,00	21°,50	22°,50	21°,75	21°,50	22°,07	1°,50	11°,00	2m
	3m	13°,00	12°,75	12°,00	12°,00	12°,28	1°,00	17°,00	17°,00	16°,00	16°,00	2°,00	23°,00	21°,60	22°,50	21°,75	21°,50	22°,05	1°,00	11°,00	3m
	4m	13°,00	12°,50	12°,00	11°,80	12°,35	1°,20	16°,00	16°,75	16°,00	17°,02	1°,75	22°,90	21°,40	22°,50	21°,40	21°,40	21°,40	1°,50	11°,10	4m
	5m	12°,50	11°,25	12°,00	11°,80	11°,80	1°,25	17°,00	16°,00	16°,00	17°,07	1°,50	22°,90	21°,50	22°,50	21°,30	21°,25	21°,02	1°,70	11°,65	5m
	10m	12°,50	11°,25	12°,00	11°,80	11°,79	1°,25	16°,75	16°,50	15°,70	16°,32	0°,05	22°,50	21°,00	21°,30	21°,00	21°,25	21°,24	1°,50	11°,25	10m
	15m	12°,50	11°,25	12°,00	11°,70	11°,80	1°,25	14°,00	16°,00	15°,50	16°,02	1°,50	21°,00	20°,20	19°,10	20°,75	20°,00	20°,21	1°,00	10°,75	15m
	16m	12°,50	11°,25	12°,00	11°,70	11°,85	1°,25	13°,50	15°,75	15°,10	14°,55	1°,50	20°,10	19°,00	17°,50	19°,30	18°,48	18°,48	2°,00	8°,85	16m
	17m	12°,50	11°,25	12°,00	11°,70	11°,86	1°,25	13°,50	15°,50	14°,50	14°,47	1°,50	17°,50	19°,70	16°,10	17°,00	17°,50	16°,50	1°,50	6°,25	17m
	18m	12°,50	11°,25	12°,00	11°,40	11°,80	1°,25	13°,25	14°,00	14°,00	14°,18	2°,05	16°,00	17°,00	15°,00	15°,40	15°,98	15°,98	1°,00	1°,75	18m
	19m	12°,50	11°,25	12°,00	11°,70	11°,86	1°,25	13°,00	13°,75	15°,20	14°,48	2°,20	15°,00	14°,00	15°,20	15°,00	14°,10	14°,64	1°,00	2°,95	19m
	20m	12°,50	11°,25	12°,00	11°,70	11°,86	1°,25	12°,75	13°,25	13°,50	14°,07	2°,25	14°,00	13°,75	14°,15	14°,00	13°,88	13°,88	0°,05	2°,50	20m
	25m	12°,50	11°,25	12°,00	11°,70	11°,86	1°,25	12°,00	12°,75	12°,75	12°,05	0°,10	13°,75	12°,75	14°,15	13°,50	13°,20	13°,47	1°,00	2°,00	25m
	26m	12°,50	11°,25	—	11°,70	11°,86	1°,25	—	12°,50	—	12°,75	0°,30	13°,75	12°,75	13°,75	—	13°,20	13°,50	1°,00	2°,50	26m
	27m	12°,50	11°,25	—	—	—	1°,25	—	12°,00	—	—	—	13°,10	12°,75	13°,75	—	—	—	1°,00	2°,50	27m
	28m,70	12°,50	11°,25	—	—	—	—	—	12°,00	—	—	—	13°,10	—	—	—	—	—	1°,85	28m,70
LAGOA AZUL.	Température extérieure près de la surface.	11°,25	13°,10	12°,00	11°,20	11°,80	1°,00	16°,00	17°,00	17°,00	19°,07	1°,00	22°,00	20°,00	22°,00	21°,50	21°,30	21°,30	2°,00	10°,80	
	0	12°,25	12°,50	11°,75	11°,70	12°,00	1°,00	14°,50	17°,00	17°,00	11°,84	0°,70	21°,75	20°,75	21°,00	21°,00	21°,10	21°,12	1°,00	10°,25	0m
	2m	12°,25	11°,50	11°,75	11°,70	11°,85	0°,75	14°,70	16°,00	16°,00	11°,80	0°,70	21°,50	20°,50	20°,50	21°,00	21°,00	21°,00	0°,75	10°,00	2m
	3m	11°,80	11°,50	11°,75	11°,70	11°,71	0°,70	14°,70	16°,00	16°,00	11°,73	0°,70	21°,25	20°,75	20°,80	21°,10	20°,75	20°,89	0°,70	10°,85	3m
	4m	11°,80	11°,50	11°,75	11°,40	11°,71	0°,70	14°,70	15°,70	15°,50	11°,43	0°,50	21°,10	20°,50	20°,75	20°,75	20°,72	20°,72	0°,70	10°,00	4m
	5m	11°,80	11°,00	11°,50	11°,30	11°,65	0°,70	14°,00	15°,00	15°,00	11°,57	0°,60	21°,00	20°,50	20°,30	20°,50	20°,72	20°,72	0°,70	10°,00	5m
	10m	11°,80	11°,50	11°,50	11°,20	11°,60	0°,70	13°,75	15°,10	15°,10	11°,48	1°,50	19°,50	19°,00	17°,50	18°,25	18°,25	18°,21	2°,00	8°,20	10m
	11m	11°,80	11°,50	11°,50	11°,20	11°,58	0°,70	13°,50	14°,00	14°,00	11°,83	1°,50	18°,00	16°,50	16°,35	17°,10	17°,10	17°,35	1°,50	6°,00	11m
	12m	11°,80	11°,50	11°,50	11°,10	11°,58	0°,80	12°,75	12°,50	12°,50	13°,72	1°,50	17°,00	15°,50	16°,00	16°,00	16°,12	16°,12	1°,30	7°,50	12m
	14m	11°,80	11°,00	11°,50	11°,10	11°,50	0°,80	12°,50	13°,00	13°,00	13°,17	1°,50	15°,00	14°,80	15°,10	15°,10	14°,82	14°,82	1°,00	4°,00	14m
	15m	11°,75	11°,00	11°,25	11°,10	11°,58	0°,80	12°,50	12°,75	12°,75	12°,82	0°,90	14°,50	13°,50	14°,00	15°,10	15°,10	14°,22	0°,70	3°,10	15m
	20m	11°,75	11°,00	11°,25	11°,10	11°,50	0°,80	12°,00	12°,50	12°,50	12°,07	0°,20	12°,10	12°,50	12°,50	12°,75	12°,17	12°,17	0°,05	1°,95	20m
	22m	11°,75	11°,00	11°,25	11°,10	11°,50	0°,80	12°,00	12°,10	12°,00	12°,03	0°,10	12°,10	—	12°,50	12°,50	12°,30	12°,30	0°,10	1°,90	22m
	24m	—	—	—	11°,10	—	—	—	12°,10	12°,00	—	—	12°,10	—	12°,50	12°,50	12°,30	12°,10	0°,10	1°,70	24m
	25m	—	11°,50	11°,25	—	—	—	—	12°,00	—	—	—	12°,10	12°,50	—	12°,10	—	—	—	—	25m
	25m,30	11°,75	—	—	—	—	—	—	—	—	—	—	—	—	—	—	—	—	—	25m,40

Du tableau qu'on vient de lire, nous pouvons déduire les considérations suivantes :

1º La température moyenne de l'atmosphère à Sete-Cidades est de 15º, celle de l'hiver étant de 12º et celle de l'été de 18º.

2º La température de la surface dans les deux lacs varie beaucoup dans une même journée, spécialement près des bords, ainsi qu'il est naturel ; cette variation journalière dépend surtout du soleil et du vent. La plus grande différence observée par Chaves, dans une même journée, à la surface du Lagoa grande, à l'endroit le plus profond et le plus éloigné des bords, a été de 4º 3, le 22 juillet 1894, la température étant à cinq heures du matin de 17º 9 et de 22º, 2, à trois heures du soir.

3º La température du Lagoa azul est un peu inférieure à celle du Lagoa grande ; cette différence s'explique par le déversement dans le premier lac de deux sources (rivière dos Moinhos et Salto do Estrello), d'assez faible débit, il est vrai, mais de température constante (14º), et aussi par l'orientation naturelle du Lagoa azul, très encaissé, et dont les hautes parois, au Sud surtout, empêchent le soleil de réchauffer les eaux.

4º En hiver, la température dans les deux lacs est sensiblement la même de la surface jusqu'au fond.

5º Pour le Lagoa grande,

le maximum d'été serait	23º
le minimum d'hiver	12º
l'amplitude de la variation thermique	11º

Pour le Lagoa azul,

le maximum d'été serait	21º 75
le minimum d'hiver	11º 50
l'amplitude de la variation thermique	10º 25

6º La couche du saut thermique — *Sprungschichte* de

Richter (1) — s'observe entre 15 m. et 20 m. dans le Lagoa grande (2) et entre 10 m. et 15 m. dans le Lagoa azul.

7° La courbe qui représente la distribution de la température pendant les périodes du printemps et de l'automne est presque la moyenne entre les courbes similaires des périodes d'hiver et d'été (voir les tracés ci-dessous).

DISTRIBUTION DE LA TEMPÉRATURE DANS LES DEUX GRANDS LACS DE SETE-CIDADES.

Fig. 2. — Lagoa grande. Fig. 3. — Lagoa azul.

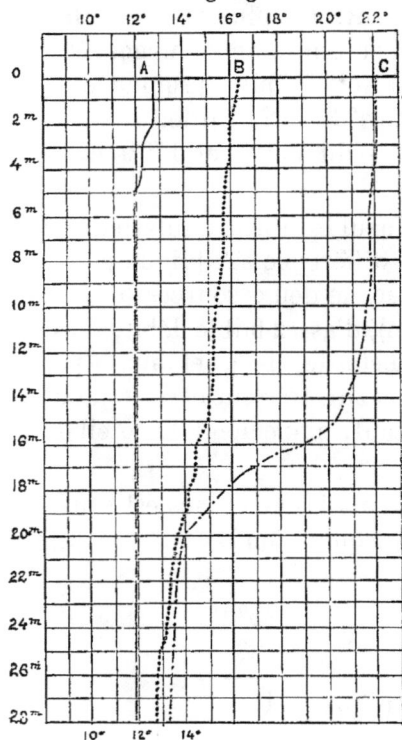

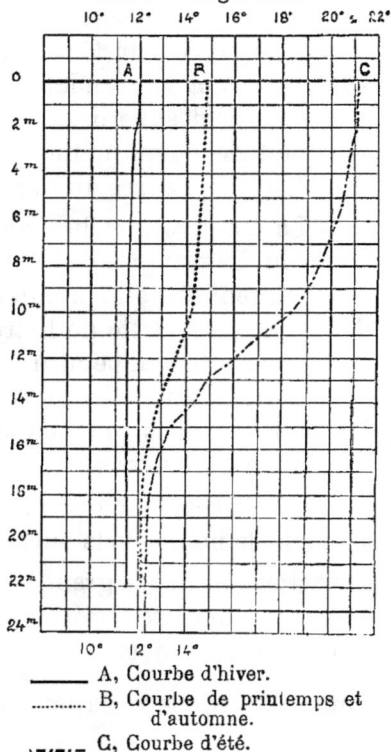

_____ A, Courbe d'hiver.
.... B, Courbe de printemps et d'automne.
._.._. C, Courbe d'été.

(1) E. Richter : *Die Temperatur-Verhältnisse der Alpenseen.* Berlin, 1891.

(2) Ces chiffres sont à peu près exactement les mêmes que ceux que j'ai observés en été sur le lac de Tibériade (Th. Barrois : *Sur la profondeur et la température du lac de Tibériade.* Comptes rendus de la Société de Géographie de Paris, nos 17-18, 1893.

8° La température du fond dans les deux lacs malgré leur peu de profondeur reste sensiblement la même en hiver et en été ; *elle est presque identique à celle de la surface en hiver (moyenne = 12° 75), s'écartant davantage de la température moyenne de l'air durant l'année* (15°).

En conséquence, les Lagoas des Sete-Cidades sont des lacs du *type tropical*, à stratification thermique toujours directe ; leurs couches profondes sont toujours au-dessus de la température du maximum de densité de l'eau, soit 4°

Faune. — Dans ses recherches classiques sur la faune des lacs suisses, le professeur Forel a distingué, au point de vue biologique , trois régions (1) :

La *région littorale*, qui s'étend le long des bords, depuis la grève jusqu'à 15 à 25 mètres de profondeur ;

La *région profonde*, qui occupe tout le fond du lac ;

La *région pélagique*, qui comprend tout le reste du lac , la masse centrale et superficielle des eaux.

Bien que le Lagoa grande et le Lagoa azul soient les plus grands des lacs açoréens , l'aire des profondeurs de 25 à 30 mètres y est fort restreinte ; la région profonde y est donc peu étendue , tandis que la région littorale domine presque entièrement.

De Guerne a cru bon de distinguer dans ces lacs les trois zones habituelles , estimant qu'à Sete-Cidades la faune pélagique est représentée *avec ses caractères absolument nets* : « sans parler du *Leptodora hyalina* , dont la détermination peut être considérée comme douteuse, *Daphnella brachyura*, *Asplanchna Imhofi* et *Pedalion mirum* appartiennent aux formes essentiellement *eupélagiques*. *Chydorus*

---

(1) F.-A. FOREL : *La faune profonde des lacs suisses*. Soc. helvét. des sciences nat., 2ᵉ part., vol. XXIX, p. 1-2, 1885.

sphæricus et *Cyclops viridis* représentent dans cet ensemble l'élément *tychopélagique* (1) ».

Quelle que soit l'autorité de de Guerne en tout ce qui touche à la limnologie, je ne puis me ranger à cette manière de voir. Il me parait, en effet, impossible de considérer comme une espèce *essentiellement eupélagique* la *Daphnella brachyura*, qui se retrouve non seulement dans toute l'étendue des lacs de Sete-Cidades, c'est-à-dire dans la région littorale, mais encore dans de fort petits lacs, tels que les Lagoas empadadas, le Lagoa de Pao-Pique, la Caldeira do Alferes, etc..., nappes superficielles de quelques ares, dont la profondeur ne dépasse point 1 mètre pour certaines. J'en dirai tout autant de l'*Asplanchna Imhofi* de Guerne (= *A. Sieboldi* Leydig, d'après Daday) que j'ai rencontré maintes fois dans les mares et même dans les auges des fontaines de S. Miguel. Le *Pedalion mirum* n'a rien non plus de bien eupélagique, car Hudson dit l'avoir recueilli pour la première fois « in a small road-side pond near the head of Nichtingale Valley at Clifton (2) ».

Reste le *Leptodera hyalina* que de Guerne indique avec grande réserve, en se basant sur la présence de débris chitineux d'un certain volume, dont l'aspect rappellerait absolument celui de la poche incubatrice de ce Crustacé. Il me semble difficile d'admettre qu'un animal d'aussi grande taille ait pu échapper, soit aux recherches de Chaves, soit aux miennes, alors que nous avons pêché au filet fin à plus de trente reprises dans les lacs de Sete-Cidades, à différentes époques de l'année (Juillet, Août, Septembre et

---

(1) DE GUERNE, *Excursions zoologiques*, etc..., p. 17.

Il est juste de dire que l'auteur ajoute en note : « C'est à regret, et faute d'autres actuellement admises, que j'emploie les expressions *eupélagique* et *tychopélagique*. Les progrès réalisés dans la connaissance des faunes lacustres tendent effectivement à démontrer que les distinctions établies par Pavesi ne répondent à aucun fait général ».

(2) HUDSON ET GOSSE : *The Rotifera or Wheel-animalcules*, vol. II, p. 133, Londres, 1886.

Janvier). En résumé, on ne rencontre pas dans les lacs açoréens de types absolument eupélagiques, et il n'y a pas lieu d'établir dans notre étude une division pour la faune pélagique. Je me bornerai donc à rapporter simplement les noms des animaux recueillis, en indiquant ensuite en quelques lignes les conditions particulières dans lesquelles on les rencontre.

Flagellates. — *Dinobryon sertularia* Ehr.

Cilio-Flagellés. —

Peridinium tabulatum Clap. et Lachm.   *Glenodinium* sp.
Peridinium sp.

Rhizopodes. —

Arcella vulgaris Ehr.   *Euglypha alveolata* Duj.
Difflugia constricta Ehr.   *Nebela collaris* Ehr.
D. pyriformis Perty.   *Centropyxis aculeata* Ehr.
Trinema enchelys Ehr.

Infusoires. —

Vorticella sp.   *Podophrya* sp.

Presque tous ces Protozoaires se retrouvent dans la plupart des pêches de surface, en quantité d'autant plus grande que le filet a été traîné en des points où la végétation des plantes flottantes (des *Potamogeton,* en majeure partie) est plus riche. Au dessus des grands fonds, on rencontre surtout : *Dinobryon sertularia, Peridinium tabulatum, Peridinium* sp. et *Glenodinium* sp. Les Podophryes et les Vorticelles sont abondantes, ainsi que l'a fait remarquer de Guerne, sur les corps flottants ou immergés ; d'après mes propres observations, d'autres Vorticelliens envahissent aussi souvent le *Cyclops viridis* : la contraction provoquée par la conservation dans l'alcool ne m'a pas permis de les déterminer plus exactement.

Nématodes. —

Chaetonotus sp.   *Dorylaimus stagnalis Duj.* (1).

Turbellariés. —

Planaria polychroa O. Schmidt   *Mesostoma viridatum* Ehr. (?).

Oligochètes. — *Naïs elinguis* O. F. Müller.

Les *Chaetonotus* et les *Naïs* sont très communs dans l'enduit vaseux, contenant une grande quantité de végétaux inférieurs, qui se trouve à la surface des galets situés le long de la grève par 0ᵐ50 à 1 mètre de profondeur. J'ai également rencontré dans ces mêmes conditions *Dorylaimus stagnalis*, très agile, et répandu dans presque toutes les eaux douces de l'ile ; c'est probablement la même espèce qui a déjà été signalée par de Guerne.

Quant à *Planaria polychroa*, également fort abondante à S. Miguel, elle habite ordinairement sous les pierres des torrents, c'est-à-dire dans les eaux à température relativement basse, variant entre 14° et 15° ; le Lagoa azul est le seul lac où je l'aie rencontrée, et en voici, je pense, la raison. Dans la région Est de ce lac, la rive est extrêmement escarpée, l'inclinaison des flancs du cratère principal étant très forte en ce point ; deux torrents donnant de l'eau toute l'année roulent en bondissant sur ces pentes et viennent se jeter dans le Lagoa azul : l'un d'eux, le ruisseau *dos Moinhos* fait tourner la roue d'un moulin au pied de la Caldeira grande, l'autre, le *Salto do Estrello*, fournit une eau très limpide et très pure, fort fraîche (14° le 6 Septembre 1887, la température extérieure étant de 24° ; 13°75 en Janvier 1888, la température extérieure étant de 11°), et très appréciée pour cette raison des touristes qui descendent à l'hôtel Travassos. C'est aux environs seulement de ces torrents, sous les pierres du bord à demi-plongées dans le

---

(1) J'adresse mes meilleurs remerciements au Dʳ de Man, qui a bien voulu revoir cette détermination.

lac, que j'ai trouvé la *Planaria polychroa* ; dans le Lagoa grande, cette Planaire ne semble pas exister.

Un autre Turbellarié a été recueilli par de Guerne dans des dragages profonds, et rapporté provisoirement par lui au *Mesostoma viridatum*.

Rotifères. —

Melicerta tubicolaria Hudson.	*Pterodina patina* Ehr.
Cephalosiphon limnias Ehr.	*Asplanchna Imhofi* de Guerne.
Philodina roseola Ehr.	*Brachionus pala* Ehr.
Rotifer sp.	*Pedalion mirum* Hudson.
Furcularia sp.	

La plupart de ces espèces appartiennent à des formes littorales et sont fort communes, surtout dans les *Potamogeton* ; j'ai dit plus haut ce que je pense de l'*Asplanchna Imhofi* en tant que type eupélagique : ce Rotifère semble habiter de préférence, pendant le jour, par des profondeurs de 1ᵐ50 à 2 mètres. On sait que von Daday a proposé d'identifier l'*A. Imhofi* à l'*A Sieboldi* Leydig (1).

Bien que mes recherches, ainsi que celle de Chaves, aient été nombreuses et minutieuses, nous n'avons pu retrouver le *Pedalion mirum* indiqué par de Guerne.

Au sujet du *Brachionus pala*, je ferai remarquer que jamais ce Rotifère n'a été recueilli dans les lacs de Sete-Cidades durant les pêches d'été, quelque nombreuses qu'elles aient été ; je ne l'ai vu qu'une seule fois, en assez grande abondance (en même temps que *Daphnella brachyura*, *Chydorus sphæricus*, *Cyclops viridis*), dans une récolte faite par Chaves vers les premiers jours de Janvier 1889, en plein milieu du Lagoa grande, par 1ᵐ 50 de profondeur (2).

---

(1) E. VON DADAY : *Revision der Asplanchna-Arten und die ungarländischen Repräsentanten.* Math und Naturwiss. Ber. aus Ungarn, Bd. IX, p. 86, 1891.

(2) Ce fait est d'autant plus intéressant que durant mon séjour aux Açores (Août-Septembre 1887), le *Brachionus pala* était *excessivement abondant* dans certaines mares et dans presque toutes les auges des fontaines de S. Miguel.

Tardigrades. — *Macrobiotus* sp.

Copépodes.

Cyclops viridis Fischer.	*Argulus foliaceus* L.

Le *Cyclops viridis* est très commun partout ; durant la journée il se tient de préférence à 1^m 50 ou 2 mètres de la surface. En dehors du *Cyclops viridis*, de Guerne a signalé des débris de *Canthocamptus* sp. avec un point d'interrogation : je n'en ai pas rencontré.

Quant à l'Argule, il a été capturé par Chaves sur un Cyprin doré ; ce parasite a été sans doute introduit en même temps que des Carpes, amenées vivantes d'Europe et jetées dans les lacs de Sete-Cidades.

Cladocères.

Daphnella brachyura Liévin.	*Alona testudinaria* Fischer.
Simocephalus exspinosus Koch.	*Pleuroxus nanus* Baird.
Chydorus sphæricus O. F. Müller.	

La *Daphnella brachyura* est assez abondante dans les différentes parties du lac, dès que la hauteur de l'eau dépasse 8 à 10 mètres, mais il faut la chercher assez profondément, du moins dans les jours de soleil ; au contraire, lorsque le temps est sombre ou durant l'hiver (1), les Daphnelles se rapprochent de la surface. Il en est de même pendant la nuit, ainsi que j'ai pu m'en assurer par l'examen de plusieurs pêches que M. Chaves avait pratiquées entre 9 et 10 heures du soir.

Simocephalus exspinosus est très rare ; le professeur Moniez (2) n'en a trouvé dans mes récoltes qu'un seul

---

(1) Je n'ai pas observé de très grandes différences entre les pêches d'été et celles que M. Chaves a bien voulu faire en janvier 1889, par une température de 13° (surface de l'eau) ; le fait le plus important à noter est la présence, à cette époque de l'année, du *Brachionus pala* et l'absence, au contraire, — du moins dans mes tubes — de l'*Asplanchna Imhofi* (pêches pratiquées par 1^m 50 de profondeur).

(2) Th. BARROIS : *Matériaux pour servir à l'étude de la faune des eaux douces des Açores : IV Crustacés. — Ostracodes, Cladocères et Branchiopodes,* par R. MONIEZ, p. 13, Lille, 1888.

exemplaire. Ce dernier avait été recueilli parmi les nénuphars, dans une sorte de mare, en large communication avec le Lagoa grande, qui se trouve à gauche de la chaussée conduisant de l'hôtel aux lacs.

Chydorus sphæricus pullule partout; *Alona testudinaria* (1) et *Pleuroxus nanus* sont beaucoup moins répandus.

Branchiopodes. — *Estheria* sp.

Dans des échantillons de vase littorale des lacs de Sete-Cidades, le professeur Moniez a trouvé deux exemplaires très jeunes de ce curieux crustacé, dont il a donné (2) une description aussi complète que le permettait l'âge peu avancé des spécimens.

Diptères.
 Culex sp. (larves).   *Chironomus* sp. (larves).

Hémiptères.
 Corixa atomaria Illiger (?) *Aphis* sp.

Pseudo-Névroptères.
 Æschna sp. (larves).   *Agrion* sp. (larves).

Coléoptères. — *Parnus luridus* Erichson.

Les larves de Diptères et de Pseudo-Névroptères sont très abondantes le long de la rive des deux lacs.

Parnus luridus est loin d'être commun; j'en ai recueilli seulement quelques exemplaires en compagnie de *Plumatella repens* et de *Planaria polychroa*, sous les pierres à demi-submergées qui bordent la grève orientale du Lagoa azul.

A Sete-Cidades, comme dans la plupart des autres lacs, les feuilles de *Potamogeton* donnent asile à un petit puceron noir, que Simroth avait déjà remarqué.

---

(1) C'est probablement à cette espèce qu'il faut rapporter l'*Alona* signalée par de Guerne avec cette mention « carapaces très nombreuses, mais indéterminables ».

(2) R. MONIEZ : *loc. cit.*, p. 19.

Dans son tableau de la faune des Açores, à la colonne consacrée à Sete-Cidades, de Guerne mentionne sans commentaire la présence du *Corixa atomaria* Illiger ; le texte mentionne seulement que cet Hémiptère a été trouvé dans les flaques d'eau laissées en arrière par le retrait du lac ; rien n'indique que l'insecte ait été rencontré dans le lac lui-même, où d'ailleurs je ne l'ai jamais vu (1).

Bryozoaires. — *Plumatella repens* L.

Très commune dans toute la zone littorale des deux lacs, tant sous les pierres que sur les tiges des plantes aquatiques.

Gastéropodes. — *Hydrobia evanescens*? De Guerne.

Cette espèce a été établie par de Guerne pour plusieurs exemplaires d'un petit Gastéropode ramenés dans une pêche de fond faite vers le milieu du Lagoa grande, par 20 à 30 mètres de profondeur. « Il s'agirait — dit de Guerne —
» d'établir si c'est un embryon pris à la surface du *feutre*
» *organique*, ou bien quelque épave apportée de la mer par
» les Palmipèdes qui ne cessent de voler du lac au
» rivage (2). »

Le capitaine Chaves, dont l'attention avait été attirée sur ce point, m'écrit avoir minutieusement examiné de grandes quantités de limon recueilli dans le Lagoa grande, aux profondeurs indiquées par de Guerne, sans pouvoir arriver à rencontrer un seul *Hydrobia*. J'ai obtenu un égal insuccès en faisant passer sous mon microscope le contenu de plusieurs flacons du même limon.

Poissons.

Cyprinopsis auratus L.	*Salmo fario* Le.
Anguilla vulgaris Flem.	*S. lacustris* L.
Cyprinus carpio L.	*S. stomachicus* Günther.
C. Rex cyprinorum Bloch.	*Leuciscus macrolepidotus* Steind.

Tous ces Poissons ont été acclimatés à des époques

---

(1) Chaves me fait savoir qu'il n'a jamais non plus rencontré cet Hémiptère dans les deux grands lacs de Sete-Cidades.

(2) DE GUERNE : *Excursions zoologiques*, etc., p. 40.

diverses. Le Cyprin doré est répandu maintenant dans toutes les eaux douces de l'Archipel et la date d'importation se perd dans la nuit des temps (1). Je n'ai pu recueillir aucune donnée sur l'introduction de l'Anguille (2); mais pour les Salmonidés, au contraire, nous possédons des documents très exacts (3). A plusieurs reprises, M. José-Maria Rapozo do Amaral fit venir des œufs d'Europe, surveilla leur éclosion dans des saumonières établies spécialement à cet effet et, lorsque les alevins furent arrivés à une taille convenable, les fit jeter dans les lacs.

Son fils, M. José-Maria Rapozo do Amaral junior, a suivi les mêmes traditions, et l'on ne saurait trop louer ces deux hommes du désintéressement et de la ténacité avec lesquels ils ont poursuivi l'acclimatation, dans leur île, de différentes espèces européennes. Depuis longtemps déjà, ils ont eu le mérite de comprendre tout l'intérêt qui s'attache aux questions de pisciculture, et c'est à leurs efforts persévérants que les pauvres habitants de Sete-Cidade et des environs devront bientôt de pouvoir augmenter leur maigre ordinaire d'un aliment sain et substantiel.

M. José-Maria Rapozo do Amaral junior a eu l'extrême obligeance de me communiquer une note dans laquelle il a exposé en détail les essais d'acclimatation que son père et lui ont tenté depuis 1878; je donne ci-après la traduction de cet intéressant document, pour lequel je le prie d'agréer mes plus sincères remerciements.

---

(1) C'est sur des indications erronées — comme me l'a confirmé Chaves — que de Guerne *(Excursions zoologiques* etc., p. 27) a avancé qu'on conserve les Cyprins dorés dans des viviers « afin d'en avoir toujours en réserve pour les usages culinaires ».

(2) Depuis que ces lignes ont été écrites, j'ai su qu'en 1876 et 1878, M. José-Maria Raposo do Amaral avait fait jeter dans les lacs de Sete-Cidades des Anguilles qui s'y plaisent très bien, mais ne semblent pas s'être reproduites.

(3) Voyez à ce sujet: *Introduccão de Trutas no lagoa das Sete-Cidades da Ilha de S. Miguel pelo Sr. José-Maria Raposo do Amaral.* (Archivo dos Açores, vol. VII, p. 295, 1885).

I. *Introduction des Salmonidés dans le lac de Sete-Cidades.*

1878, Février. — 1000 œufs de Truite commune (*Salmo
fario* L. — *Salmo trutta* Lacep. — *Trutta fario* Siebold.
— *Salar Ausonii* Valenc.) furent importés d'Angleterre.
Quelques-uns arrivèrent à éclosion, mais les alevins moururent rapidement.

1879, Février. — 2.000 œufs de la même espèce furent
à nouveau introduits d'Angleterre ; immédiatement après
la résorption de la vésicule ombilicale, on essaya de transporter 300 alevins de Ponta-Delgada à Sete-Cidades, mais
aucun n'arriva vivant. Par contre, lorsque les jeunes Truites
eurent atteint l'âge de un an, elles supportèrent parfaitement le voyage et on put en jeter un peu plus de 200 dans
les lacs de Sete-Cidades durant les mois de Février et de
Mars 1880 (époque de la première introduction de Truites
dans le lac).

1881, Janvier. — 2.000 œufs d'Omble-Chevalier (*Salmo
salvelinus* L. — *Salmo umbla* Block — *Salmo alpinus* Lacé-
pède) furent expédiés de Paris, mais arrivèrent perdus.

1882, Février. — 2 000 œufs de Gillaroo ou Gizzard
Trout (*Salmo stomachicus* Gunther), provenant d'Angleterre
donnèrent un peu plus de 300 alevins, qui furent jetés dans
les lacs.

1883, Février. — 2.000 œufs d'Alpin-Charr (*Salmo
salvelinus* L.), envoyés d'Angleterre, ne purent supporter
le trajet.

1885, Janvier. — Nouvel essai d'acclimatation de
l'Omble-Chevalier : 2.000 œufs, provenant d'Allemagne et
venant par Lisbonne, se gâtèrent en route.

1888, Février. — Du lac de Garde (Italie) sont envoyés
20.000 œufs de Truite des lacs (*Salmo lacustris* L. — *Trutta
lacustris* Sieb. — *Salmo trutta* Ag. — *Salmo lemanus*
Günther. — *Trutta variabilis* Lunel), qui fournissent 3.000

alevins bien portants, lesquels sont jetés, au commencement de 1889, dans les deux lacs de Sete-Cidades.

1888, Février. — 10.000 œufs d'Omble-Chevalier (*Salmo salvelinus*), importés d'Allemagne, donnent seulement quelques chétifs alevins, qui meurent peu de jours après leur éclosion.

1894, Janvier. — Cinquième tentative d'acclimation de l'Omble-Chevalier : 2.000 œufs, importés d'Allemagne comme ci-dessus, ne donnent que 12 alevins qui ne vivent que quelques jours (1).

1894, Avril. — 2.000 œufs de Truite arc-en-ciel (*Salmo irideus*, Rainbow Trout, en anglais), envoyés d'Allemagne par Lisbonne, arrivent perdus, en raison de la longueur du voyage.

M. José-Maria Raposo do Amaral estime que cette espèce est une de celles qui sont appelées à réussir à Sete-Cidades, car c'est un des Salmonidés qui résiste le mieux aux températures un peu élevées.

II. *Introduction des Carpes à Sete-Cidades.*

1889, Février. — 123 Carpes à miroir (*Cyprinus rex cyprinorum* Bloch. — *Cypr. speculum* Lac. — *Cyprinus macrolepidotus* Meid.) sont expédiées d'Allemagne, mais succombent en route, le navire qui les portait ayant eu à souffrir d'une violente tempête.

1890, Décembre. — Ce nouvel envoi, expédié d'Allemagne également, comprenait :

1° 200 Carpes à miroir, d'un an.

2° 200 Carpes communes, d'un an, qui arrivèrent toutes (les 400) en bon état et furent jetées dans les lacs de Sete-Cidades.

---

(1) C'est donc par erreur que M. E.-A. d'Albertis (*Crociera del Corsario alle Azzore*, p. 169, Milan 1888), dit que l'Omble-chevalier (*Salmo umbla* L.) a été introduit dans les lacs de Sete-Cidades : tous les essais sont restés infructueux jusqu'à présent.

3° 50 Carpes communes, de 3 ans, dont 30 seulement supportèrent le trajet, et furent transportées à Sete-Cidades avec les précédentes.

III. — *Introduction du Leuciscus macrolepidotus* Steind. *à Sete-Cidades.*

En 1876, quelques exemplaires adultes furent transportés du fleuve Mondego (Portugal) à Ponta-Delgada, et jetés dans une citerne, où ils se reproduisaient. Vers 1888, la plupart moururent et il n'en resta plus que trois individus qui, en Janvier 1879, furent déposés dans le Lagoa grande, à Sete-Cidades. L'échantillon que j'ai reçu de Chaves a été soumis à l'examen du Dr Boulenger, du British Museum, qui a eu l'obligeance de me le déterminer.

Batraciens.

Rana esculenta L. var. *Perezi* Seoane.

D'après Drouet (1), la Grenouille verte a été introduite à S. Miguel vers 1820, par le Vicomte da Praïa, qui en fit venir du Portugal un certain nombre d'exemplaires ; ce Batracien s'est reproduit avec une extraordinaire abondance et, à S. Miguel du moins, on le retrouve dans tous les lacs et dans les plus petites mares. D'après les renseignements communiqués à de Guerne par Héron-Royer (2), la Grenouille des Açores, offre tous les caractères de la sous-espèce *Perezi*, créée par Lopez Seoane pour les spécimens de l'Espagne et du Portugal.

Il est impossible de clore ce paragraphe sans parler des curieuses observations faites par Simroth sur les jeunes Grenouilles de Sete-Cidades (3). Le naturaliste allemand a

---

(1) Drouët. *Faune açoréenne*, p. 408.

(2) De Guerne. *Excursions zoologiques* etc..., p. 24.

(3) Simroth *in* Boettger: *Verzeichniss der von Herrn Dr H. Simroth aus Portugal und von den Azoren mitgebrachten Reptilien und Batrachier.* Sitzungsb. der königl. preuss. Akad. der Wiss. zu Berlin. vol. XII, p. 193. 1887.

rencontré (et j'ai pu vérifier le fait) des Grenouilles gardant encore une queue longue de 6 ^{mm} alors qu'elles offraient par ailleurs tous les caractères de l'adulte, ayant notablement dépassé la taille habituelle de ces mêmes Batraciens lorsque, se développant normalement, ils sont déjà devenus complètement anoures. D'après Simroth, la lenteur de cette transformation serait due au défaut de nourriture d'abord, et à la grande humidité de la vallée de Sete-Cidades ensuite. De Guerne s'est déjà élevé contre cette manière de voir, en ce qui concerne le défaut de nourriture, et je suis tout à fait de son avis : la faune du lac, sans compter les Diatomées et les Algues, est bien assez fournie pour suffire à la nourriture des têtards et des jeunes Grenouilles. L'humidité excessive me semble le seul facteur qui puisse entrer en ligne de compte.

On sait quel rôle important jouent les oiseaux aquatiques dans la dissémination des espèces, et de Guerne, en particulier, est revenu à plusieurs reprises sur ce sujet. Je crois donc bon de rappeler que les Mouettes et les Goëlands se rencontrent, en plus ou moins grandes troupes, sur tous les lacs açoréens. A Sete-Cidades, j'ai également aperçu une Macreuse. Notons aussi que, lors des passages, le Canard (*Anas boschas* L.) et la Sarcelle (*Anas crecca* L.), s'abattent dans les lacs des Caldeiras ; enfin, Drouet (1) et Godman (2) ont également observé dans de semblables conditions un assez grand nombre d'espèces, en particulier : *Ardea cinerea* L., *Ardea purpurea* L., *Totanus fuscus* L., *Gallinula chloropus* L., *Fulica atra* L., *Platalea leucorodia* L. etc.

Pour terminer ce qui a trait aux deux grands lacs de Sete-Cidades, il me reste à dire quelques mots du limon qui

(1) DROUET. *Faune açoréenne.*

(2) GODMAN. *Natural history of the Azores or Western Islands,* p. 41-42, Londres, 1870.

garnit le fond de ces lacs dans les plus grandes profondeurs : il est gris, onctueux, de consistance si faible qu'on dirait d'une sorte de crème, pour employer l'excellente expression de de Guerne. Voici la description qu'en donne ce naturaliste : « L'étude du limon faite sur divers échantillons montre qu'il est formé en majeure partie de débris de ponces d'une extrême ténuité, reconnaissables à leur structure bulleuse. Les détritus végétaux sont assez abondants. On distingue çà et là quelques grains de pollen de Conifères, des sporanges de Fougères, des filaments de Conferves et un très grand nombre de carapaces de Diatomées. Parmi les corps figurés d'origine animale, je n'ai reconnu que des tests de *Chydorus* et des enveloppes de Rhizopodes du genre *Difflugia* (1) ».

Je me bornerai seulement à ajouter que les corps figurés d'origine animale sont plus variés que ne l'indique de Guerne, je citerai surtout : *Pleuroxus nanus, Alona testudinaria, Difflugia pyriformis* et *D. constricta, Trinema enchelys, Centropyxis aculeata,* etc..... Ce fait est d'ailleurs de peu d'importance, car il n'ajoute pas un nom à la liste des espèces telle que nous l'avons donnée plus haut.

CALDEIRA GRANDE.

Deux cratères secondaires se sont formés dans le fond de la Caldeira de Sete-Cidades, à l'est des lacs principaux (voir la carte I) ; le plus grand et le plus septentrional de ces cratères porte le nom de *Caldeira grande*, ou encore *Caldeira do Peixe* (2) ou *Caldeira de S. Thiago* : le fond en est occupé par un lac.

Altitude. — D'après mes propres observations, la surface du lac serait à 396 mètres au-dessus du niveau de la mer ;

(1) DE GUERNE. *Excursions zoologiques,* etc..... p. 18.
(2) *Peixe* veut dire *Poisson* en portugais.

ce chiffre serait un peu trop fort suivant Chaves, qui l'a fixé à 387 mètres, après une minutieuse observation.

Dimensions. — 590 mètres de longueur maxima dans son diamètre N.-S. sur 520 mètres de largeur maxima dans son diamètre E.-O., surface d'environ 20 hectares, d'après la carte à grande échelle de Vidal.

Profondeur. — Inconnue; les habitants de la contrée n'ont pu me donner aucune indication à ce sujet.

Température. — Lors de l'excursion que je fis à la Caldeira-grande, le 12 Août 1887, la température extérieure était, à 8 h. 1/2 du matin, de 24° 5 tandis que le thermomètre marquait 20° 5 à la surface du lac. L'année suivante à la même époque (premiers jours d'Août), Chaves a relevé les observations suivantes :

$$\text{Température extérieure} = 26°$$
$$\text{de la surface} = 24°$$

Faune. — Les Lagoa azul et Lagoa grande sont, sans contredit, ceux dont la faune a été le mieux étudiée : à deux reprises j'y ai passé quelques jours, et Chaves a bien voulu y retourner plusieurs fois, à des saisons différentes, depuis mon départ des Açores. C'est pour cette raison que les listes qui vont suivre paraîtront relativement pauvres, à part pour certains lacs dont les habitants offraient un intérêt particulier et qui, en conséquence, ont été explorés plusieurs fois. Il faut ajouter que les Lagoas de **Sete-Cidades** sont en outre les seuls, avec le lac de Furnas, sur lesquels on puisse naviguer, les autres étant dépourvus de barques.

Protozoaires.

Arcella vulgaris Ehr.   *Difflugia pyriformis* Perty.
Centropyxis aculeata Ehr.

Copépodes. — *Cyclops viridis* Fischer.

Cladocères.

Daphnella brachyura Liévin. *Alona testudinaria* Fischer.
Chydorus sphæricus O. F. Müller. *Pleuroxus nanus* Baird.

Bryozoaires. — *Plumatella repens* L.

Poissons. — *Cyprinopsis auratus* L.

Batraciens. — *Rana esculenta* L.

LAGOA RAZA I (1).

Ce second cratère secondaire est également situé à l'orient des deux lacs principaux ; il est très voisin de la Caldeira grande, mais occupe par rapport à cette dernière une position méridionale.

Altitude. — 570 mètres.

Dimensions. — Ce lac, presque rond, à part une légère expansion à l'Est, est beaucoup plus petit que le précédent. Toujours d'après la carte à grande échelle de Vidal, sa plus grande longueur serait de 230 mètres, sa plus grande largeur de 210 mètres, et sa surface de 3 à 4 hectares.

Profondeur. — Je n'ai pu recueillir de données certaines à cet égard, mais, d'après les apparences, le lac doit être peu profond ; sa surface est en effet entièrement tapissée d'une épaisse couche de *Potamogeton* qui lui donne l'aspect d'une vaste nappe verte (2).

Température. — Dans les premiers jours d'Août 1888,

---

(1) *Lagoa raza* veut dire lac plein *à ras des bords* ; cette dénomination a été également appliquée à une autre Caldeira de la même région : c'est pour cette raison que j'ai distingué ces deux lacs l'un de l'autre par les chiffres I et II.

(2) En particulier le *Potamogeton lucens* L. ; or, d'après MAGNIN (*Recherches sur la végétation des lacs du Jura*. Rev. génér. de Botan., t. V, p. 307, 1893), cette espèce est caractéristique des lacs peu profonds.

au moment où Chaves explora ce lac, la température en était de 25° 5 alors que le thermomètre à l'ombre indiquait seulement 25°.

Faune. —

Protozoaires.

Arcella vulgaris Ehr.	*Difflugia pyriformis* Perty
Centropyxis aculeata Ehr.	*D. constricta* Ehr.

Copépodes. — *Cyclops viridis* Fischer.

Cladocères.

Daphnella brachyura Liévin.	*Alona costata* Sars.
Chydorus sphœricus O. F. Müller.	*A. testudinaria* Fischer.
Pleuroxus nanus Baird.	*A. tuberculata* Kurz.

Un fait à remarquer est la présence de trois espèces d'*Alona*, en particulier d'*A. tuberculata* et d'*A. costata*, qui, nous le verrons par la suite, se rencontrent plus spéciale-ment dans les Lagoas peu profonds, où la végétation est très active.

Poissons. — *Cyprinopsis auratus* L.

Batraciens. — *Rana esculenta* L.

CALDEIRA DO ALFERES.

J'ai dit plus haut que deux Caldeiras secondaires avaient également surgi, dans le fond du cratère de Sete-Cidades, à l'occident des lacs principaux ; l'une, la plus méridionale, ne nous intéresse guère, car elle ne contient jamais d'eau, d'où son nom de *Caldeira secca* ; l'autre, située plus au Nord, est celle dont nous allons nous occuper. On la connaît encore sous la désignation de *Lagoa da Ceara*.

Altitude. — 374 mètres.

Dimensions. — Le fond de cette cuvette est plutôt une

mare qu'un lac, ainsi que cela se présentera encore plus d'une fois pour les autres Caldeiras que nous aurons à étudier; il est presque régulièrement circulaire et mesure à peine en été 80 à 100 mètres de diamètre; ce qui lui donnerait au maximum une surface de 8.000 mètres carrés, moins d'un hectare! Ici encore, la nappe d'eau est revêtue d'un véritable tapis de *Potamogeton*.

Profondeur. — $0^m,50$ environ. Dans les années par trop chaudes, le cratère assèche complètement.

Température. — Chaves a fait à deux reprises, mais toujours entre le 27 juillet et le 8 août 1888, des observations dans la Caldeira do Alferes. Il a obtenu :

1^0 { Température extérieure = 19°.
      { » de la surface = 20°.

2^0 { Température extérieure = 23°.
      { » de la surface = 21°.

Faune. —

Protozoaires.

    Difflugia pyriformis Perty.   *Arcella vulgaris* Ehr.
    D. constricta Ehr.

Vers. — *Dorylaimus stagnalis* Duj.

Rotifères. — *Monostyla lunaris* Ehr.

Copépodes. — *Cyclops viridis* Fischer.

Cladocères

    Daphnia pennata O.F. Müller.   *Alona affinis* Leydig.
    Daphnella brachyura Liévin.   *A. tuberculata* Kurz.
    Chydorus sphœricus O. F. Müller.   *A. testudinaria* Fischer.
    Streblocerus serricaudatus Fischer.   *Pleuroxus nanus* Baird.

Deux formes que nous n'avons pas encore rencontrées méritent une mention toute spéciale; elles sont d'ailleurs relativement rares et ne se plaisent guère que dans les lacs élevés et peu profonds : nous voulons parler d'*Alona affinis* et surtout de *Streblocerus serricaudatus*.

Ostracodes. — *Cypridopsis villosa* Jurine.

Ce Crustacé, le plus commun de tous les Ostracodes açoréens dans les mares et dans les flaques d'eau stagnante, se montre également dans quelques Lagoas peu profonds.

Insectes. — *Corixa atomaria* Illiger.

Batraciens. — *Rana esculenta* L.

LAGOA DO CANARIO.

Toute la région qui s'étend entre le Pico da Cruz (846 m.) et le Pico do Carvão (800 m.) est occupée par une série de Caldeiras dans lesquelles les eaux se sont accumulées. La faune des Lagoas ainsi formés est extrêmement intéressante en ce sens que son caractère primordial n'a pas été altéré par l'introduction d'espèces étrangères, accidentellement importées par l'homme, comme cela a dû se faire à Sete-Cidades, par exemple. Ces hauts sommets déserts, arides et désolés, ne sont guère visités que par quelques rares bouviers, dont les troupeaux paissent parmi les bruyères, et par les fontainiers chargés de l'entretien des aqueducs. Les eaux du Lagoa do Canario, en effet, ainsi que celles des Lagoas empadadas (voir plus loin) avaient été captées pour servir autrefois à l'alimentation des fontaines publiques de Ponta-Delgada (1).

Altitude. — 763 mètres, et non 773 comme je le disais, par suite d'une erreur de lecture, dans une de mes premières notes (2).

---

(1) Aujourd'hui la ville est uniquement alimentée par les eaux des sources de Agoa do Pao.

(2) TH. BARROIS : *Matériaux*, etc....., *Hydrachnides*, p. 5.

Dimensions. — A peu près exactement orienté de l'Est à l'Ouest, ce lac mesure 380 mètres dans sa plus grande longueur, et 295 mètres dans sa plus grande largeur (1). Sa surface est d'environ une dizaine d'hectares.

Température. —

6 Septembre 1887, à 3 heures du soir.	Température extérieure =	18° 75
	» de la surface =	20° 65
Premiers jours de janvier 1889.	Température extérieure =	9°
	» de la surface =	9° 5

Faune. —

Protozoaires.

Trinema enchelys Ehr.
Centropyxis aculeata Ehr.
Difflugia pyriformis Ehr.
Nebela collaris Ehr.
Arcella vulgaris Ehr.

Rotifères. — *Pterodina patina* Ehr.

Copépodes. — *Cyclops viridis* Fischer.

Cladocères.

Alona affinis Leydig.
A. tuberculata Kurz.
A. testudinaria Fischer.
A. costata Sars.
Daphnella brachyura Liévin.
Chydorus sphæricus O. F. Müller.
Pleuroxus nanus Baird.

Poissons. — *Cyprinopsis auratus* L.

Batraciens. — *Rana esculenta* L.

LAGOA DO JUNCO.

Situé à quelque distance au Sud-Est du précédent, le

---

(1) Une fois pour toutes, je répéterai que ces mensurations sont établies d'après la carte du capitaine Vidal et qu'elles ne sont évidemment qu'approximatives. Elles me paraissent généralement exagérées, tandis que les appréciations des fontainiers et des bergers semblent au contraire trop faibles.

Lagoa do Junco est une sorte de marécage envahi par les joncs (ce qui est fort rare aux Açores), d'où le nom qu'on lui a donné.

Altitude. — 795 mètres (et non 805).

Dimensions. — Par suite d'une perte qu'on a creusée sur l'un des flancs du cratère, le lac s'est presque complètement vidé; il ne reste plus d'eau maintenant qu'aux deux extrémités du marécage, et encore sur $0^m,50$ à $0^m,80$ tout au plus de profondeur. Il s'ensuit que le Lagoa do Junco est loin d'avoir aujourd'hui l'importance qu'il avait au temps où le capitaine Vidal a dressé sa carte et, par conséquent, qu'il est impossible de lui assigner quelque dimension.

Profondeur. — $0^m,40$ à $0^m,80$.

Température. —

23 septembre 1887 à 5 h. du soir.	Température extérieure $= 20°$. » de la surface $= 19°5$.

Faune. —

Protozoaires.

Euglypha alveolata Duj.   *Nebela collaris* Ehr.
Peridinium sp.

Copépodes. — *Cyclops viridis* Fischer.

Cladocères.

Daphnia pennata O. F. Müller.   *Chydorus sphæricus* O. F. Müller.
Alona costata Sars.   *Streblocerus serricaudatus* Fischer.
A. tuberculata Kurz.   *Pleuroxus nanus* Baird.
A. testudinaria Fischer.

Les *Daphnia pennata* étaient si abondantes que j'en prenais par milliers à chaque coup de filet.

Ostracodes.

Cypridopsis villosa Jurine.   *Cypris nitens* Fischer.

Le *Cypris nitens*, très abondant dans les auges des fontaines des diverses îles de l'archipel, est au contraire rare dans les Lagoas, même lorsqu'ils sont peu profonds.

Diptères. — *Chironomus* sp. (larves); très abondant.

Hémiptères. — *Corixa atomaria* Illiger.

Batraciens. — *Rana esculenta* L.

Je n'ai pas vu de Cyprins dans ce marécage et le fontainier qui nous servait de guide, nous a du reste affirmé qu'il n'y avait jamais rencontré de Poisson.

LAGOA DO PAO-PIQUE.

Ce petit cratère, d'aspect des plus curieux, et qu'on pourrait présenter comme le type des caldeiras açoréennes, est absolument isolé des cratères environnants. Il est situé à l'Est du Lagoa do Junco, au Nord-Est du Pico do Carvão, et ne figure pas sur la carte du capitaine Vidal, du moins en tant que lac; comme on le verra tout à l'heure, sa faune est extrêmement intéressante, aussi M. Chaves a-t-il bien voulu y retourner à plusieurs reprises après l'excursion que nous y avions faite ensemble le 29 septembre 1887.

Altitude. — 719 mètres.

Dimensions. — Absolument circulaire, le lac mesure environ une soixantaine de mètres de diamètre. D'après les fontainiers, sa surface serait de deux *alqueires*, soit 27 ares 80 : l'*alqueire* est une ancienne mesure agraire, encore employée par le peuple, et qui correspond à 13 ares 9.

Profondeur. — 5 à 6 mètres en été, 1 mètre de plus au moins en hiver.

Température. — Voici les températures qui ont été relevées à différentes époques de l'année, pour la plupart par M. Chaves :

	Température extérieure.	Température de la surface.
Le 29 septembre 1887..	16°	17°
Le 29 janvier 1888	12°	11°
Le 16 mai 1888.........	12°	14°
Le 12 septembre 1888 ..	16°5	18°

Faune. —

Protozoaires.

Arcella vulgaris Ehr.   *Centropyxis aculeata* Ehr.
Difflugia pyriformis Perty.

Hydraires. — *Hydra fusca* L.

L'Hydre est relativement commune sur les plantes aquatiques du Lagoa do Pao-Pique ; c'est, avec le Lagoa das Furnas, le seul point de l'archipel où j'aie rencontré ce Cœlentéré (1).

Rotifères.

Pterodina patina Ehr.   *Actinurus Neptunius* Ehr.
Anuræa aculeata Ehr.

Copépodes.

Cyclops viridis Fischer.   *Cyclops diaphanus* Fischer.
C. agilis Koch.

De ces trois Cyclopes, le *C. viridis* est de beaucoup le plus commun et le *C. diaphanus* le plus rare.

Cladocères.

Daphnia pennata O. F. Müller.   *Alona costata* Sars.
Daphnella brachyura Liévin.   *A. testudinaria* Fischer.
Streblocerus serricaudatus Fischer.   *A. tuberculata* Kurz.
Chydorus sphœricus O. F. Müller.   *Pleuroxus nanus* Baird.

---

(1) M. Chaves a retrouvé l'*Hydra fusca* à Furnas même, dans un petit *Tanque*, situé dans la propriété du Docteur Caetano d'Andrade. Il me l'a également envoyé de plusieurs stations de l'île de Santa-Maria.

Hydrachnides. — *Arrenurus emarginator* O. F. Müller.

J'avais d'abord décrit cette espèce sous le nom d'*Arrenurus Chavesi*, la croyant nouvelle (1); je n'avais eu en ce moment que des femelles à ma disposition, mais depuis, le capitaine Chaves m'a envoyé un mâle qu'il avait recueilli en même temps que plusieurs femelles, dans un charco de l'île de Pico : j'ai pu me convaincre alors qu'il s'agissait simplement de l'*Arrenurus emarginator* O.F. Müller (2).

Cette espèce paraît rare aux Açores : je ne l'ai rencontrée qu'à Pao-Pique, en dehors de la station signalée par Chaves à Pico.

Hémiptères.

Corixa atomaria Illiger.   *Notonectes glauca* L.

Si la Corize est très répandue dans les lacs de peu d'étendue et de faible profondeur, il n'en est pas de même du Notonecte qui semble rare, car Chaves ne l'a guère retrouvé que dans quelques mares de S. Miguel.

Névroptères. — *Phryganea* sp.

Quelques fourreaux vides. Je n'ai vu cette espèce que dans le seul Lagoa do Pao-Pique; pourtant, de Guerne a signalé de semblables fourreaux dans la Caldeira de Fayal.

Coléoptères.

Gyrinus atlanticus Rég.   *Hydroporus Guernei* Rég.

Ce Gyrin avait déjà été signalé par Crotch aux Açores (Florès et Santa-Maria), sous le nom de *Gyrinus Dejeani* Brullé. C'est également ainsi que le regretté Lethierry avait

(1) THÉOD. BARROIS : *Matériaux pour servir à l'étude de la faune des eaux douces des Açores, I, Hydrachnides*, p. 13, Lille, 1887.

(2) THÉOD. BARROIS : *Notes hydrachnologiques ; sur l'identité de l'Arrenurus Chavesi* Th. Barrois *et de l'Arrenus emarginator* O. F. Müller. Rev. biol. du Nord, t. IV, p. 206, 1893.

déterminé mes exemplaires ; mais un examen plus attentif a permis au docteur Régimbart, dont on connait la compétence en ces matières, d'en faire une espèce bien distincte (1).

Dans une note préliminaire (2), j'avais désigné l'Hydropore de Pao-Pique sous le nom d'*Hydroporus confluens*, d'après la détermination de Lethierry ; il s'agit vraisemblablement ici de l'*H. Guernei*, décrit par Régimbart (3) d'après des spécimens rapportés par de Guerne de Florès, de Corvo et Fayal. Il est probable aussi que c'est cette espèce qui a été mentionnée par Godman (4) sous la rubrique *H. planus* F. (not rare in ponds in Terceira, Fayal, and Florès).

Poissons. — D'après les fontainiers du Pico do Carvão, le Cyprin doré n'existe pas à Pao-Pique, et, de fait, je n'en ai pas aperçu trace.

Batraciens. — *Rana esculenta* L.

LAGOA RAZA II.

Un peu plus grand que les lacs que nous venons d'étudier, le Lagoa raza II est situé au Sud de ceux-ci, et à l'Ouest du Lagoa do Carvão dont il n'est éloigné, à vol d'oiseau, que de quelques centaines de mètres, tous ces cratères des hauts sommets étant extrêmement rapprochés les uns des autres.

L'aspect de ce lac est fort particulier : la végétation y est très dense, formée surtout d'un Potamot aux feuilles fine-

---

(1) Régimbart : *Deuxième supplément à la monographie des Gyrinidae*, Ann. Soc. Entom. de France, 1891 (Mars 1892), p. 678,

(2) Th. Barrois : *Matériaux pour servir à l'histoire de la faune des eaux douces des Açores ; I, Hydrachnides*, p. 16, Lille 1887.

(3) Cette description a paru dans le travail d'Alluaud : *Coléoptères recueillis aux Açores par M. J. de Guerne pendant les campagnes du Yacht « L'Hirondelle »* (1887-1888) ; Mém. Soc. zool. de France, t. IV, p. 202, 1891

(4) Godman : Natural History of the Azores, p. 63, Londres 1870.

ment decoupées en lanières, au sein desquelles grouillent littéralement les Corizes, les Cladocères et les Copépodes : nul autre Lagoa des Açores ne m'a laissé pareil souvenir, car généralement la faune n'y est guère abondante. Les eaux du Lagoa raza II ont été captées et alimentaient, lors de mon passage en 1887, une fabrique d'alcool, fort bien outillée, installée à Santa-Clara, faubourg de Ponta-Delgada.

Altitude. — 795 mètres (d'après Chaves).

Dimensions. — Il m'est tout à fait impossible d'en rien fixer ; les fontainiers estiment sa superficie à 2 alqueires et demi, soit 34 ares 75 ; ce chiffre me paraît inférieur à la réalité, mais je ne pense pas que le lac atteigne les dimensions que lui a assignées Vidal et que j'ai reproduites sur la carte I.

Profondeur. — Cinq mètres au plus, d'après les fontainiers du Pico do Carvão.

Température. —

| Le 23 septembre 1887 à midi 1/2. | Température extérieure = 19°. |
| | » de la surface = 20°5. |

Faune. — Ainsi que je l'ai dit au début de ce paragraphe, les eaux du Lagoa raza II sont extrêmement peuplées, non qu'elles soient très riches en espèces, mais les quelques formes qui les habitent y pullulent avec une extraordinaire abondance.

Protozoaires. —

Euglypha alveolata Dujardin.   *Vorticella* (sur Cyclops).
Nebella collaris Ehr.

Vers. — *Dorylaimus stagnalis* Duj.

Copépodes. — *Cyclops viridis* Fischer.

Cladocères.

Daphnia pennata O. F. Müller.   *Alona affinis* Leydig.
Chydorus sphœricus O. F. Müller.   *Pleuroxus nanus* Baird.
Steblocerus serricaudatus Fischer.

Ostracodes. — *Cypridopsis villosa* Jurine.

Hémiptères. — *Corixa atomaria* Illiger.

Batraciens. — *Rana esculenta* L.

Je n'ai pas aperçu le moindre Cyprin dans les eaux, pourtant si riches en Plankton, du Lagoa raza II; le fontainier nous a du reste assuré qu'il n'y avait non plus jamais observé ce Poisson, si répandu cependant aux Açores.

LAGOAS EMPADADAS.

Ainsi que l'indique leur nom (*empadadas* veut dire *accouplés*), ces deux Lagoas sont extrêmement voisins l'un de l'autre; ils ont été mis en communication par la main de l'homme et leurs eaux, élevées au moyen d'un siphon, étaient autrefois amenées par un long aqueduc jusque dans les fontaines publiques de Ponta-Delgada.

De ces deux lacs, situés entre le Lagoa raza II à l'ouest et le Lagoa do Carvão à l'Est, le plus grand et le plus septentrional (Lagoa de Cima) a la forme d'un 8: il est presque exactement orienté du Nord au Sud; le plus petit (Lagoa de Baixo), qui est en même temps le plus méridional a, au contraire son grand axe dirigé de l'Est à l'Ouest.

Altitude. — 762 mètres.

Dimensions. — Surface du lac septentrional : environ 9 hectares; surface du lac méridional : environ 4 à 4,5 hectares.

Profondeur. — Lac septentrional : 3 à 4 mètres; lac méridional : 9^m,50 (d'après les fontainiers qui affirmaient avoir pratiqué des sondages).

Température. —

Lac méridional, 23 septembre 1887, 11 heures du matin.	Température extérieure.......	19°
	» de la surface....	20°
Lac septentrional, 6 septembre 1887, 5 h. ¹/₂ du soir.	Température extérieure	18° 75
	» de la surface....	20°

Faune. — La faune des deux Lagoas empadadas est absolument identique ; je n'ai pu retrouver dans mes flacons que le produit de mes pêches de surface, aussi nombre d'animaux, en particulier les Rhizopodes, ne sont-ils pas représentés dans la liste suivante, alors que, selon toute probabilité, ils doivent se rencontrer ici.

Copépodes. — *Cyclops viridis* Fischer.

Cladocères.

Daphnella brachyura Liévin.   *Chydorus sphœricus* O. F. Müller.

Bryozoaires. — *Plumatella repens* L.

Poissons. — *Cyprinopsis auratus* L.

Batraciens. — *Rana esculenta* L.

LAGOA DO CARVÃO (1).

Allongé au pied du pic du même nom, sur le flanc Est, ce lac, de dimensions assez considérables (pour les Açores, naturellement), a son grand axe orienté presque exactement du Nord au Sud. Il est en grande partie recouvert de *Potamogeton.*

Altitude. — 698 mètres (et non 708 comme je l'avais une première fois indiqué par erreur).

---

(1) *Carvão* veut dire *charbon* en portugais ; on sait qu'il n'en existe pas aux Açores, mais les cônes volcaniques de ces régions sont formés de scories, de lapilli, noirs comme du charbon, principalement lorsqu'ils sont mouillés, ce qui est constant sur les bords des lacs et sur les pics couverts de Sphaignes.

Dimensions. — D'après la carte à petite échelle de Vidal, ce lac mesurerait 665 mètres de longueur sur une largeur moyenne d'environ 150 mètres, ce qui lui donnerait une superficie approximative de 9 hectares ; c'est sans doute exagéré, mais je pense que, par contre, l'estimation des fontainiers (3,5 alqueires, soit 48 ares 65, à peine un demi-hectare) est au-dessous de la vérité, à moins que le niveau ne soit bien baissé depuis mon passage.

Profondeur. — Les fontainiers n'ont pu me donner aucune indication à ce sujet.

Température. —

29 septembre 1887 à 4 h. $^1/_2$ du soir.	Température extérieure.......	17°
	» de la surface....	18°
Premiers jours de janvier 1889.	Température extérieure.......	9°
	» de la surface....	9° 5

Faune. — La liste suivante ne donne évidemment qu'une idée incomplète de la faune du Lagoa do Carvão ; la pêche y est malheureusement difficile, en raison de l'absence de barque d'abord, et, en second lieu, de l'énorme quantité de Potamots qui tapissent le lac jusqu'au niveau même de la rive.

Protozoaires. —

Centropyxis aculeata Ehr.   *Glenodinium* sp.
Difflugia pyriformis Eh.   *Peridinium* sp.
Trinema enchelys Ehr.

Vers. — *Dorylaimus stagnalis* Duj.

Rosifères. — *Euchlanis deflexa* Gosse.

Copépodes. — *Cyclops viridis* Fischer.

Cladocères.

Chydorus sphœricus O. F. Müller.   *Alona costata* Sars.
Alona testudinaria Fischer.   *A. tuberculata* Kurz.
Pleuroxus nanus Baird.

Poissons. — *Cyprinopsis auratus* L.

Batraciens. — *Rana esculenta* L.

LAGOA DO CEDRO (1).

Ce petit lac, ou mieux ce marécage, recouvert d'une épaisse couche de Potamots, est le plus méridional des Lagoas de la région Ouest de S. Miguel. Il est creusé en contre-bas et à gauche de la route qui conduit de Ponta-Delgada à la maison-refuge des fontainiers du Carvão : Vidal ne l'indique pas sur sa carte, pas plus d'ailleurs que les lacs dont les noms vont suivre.

Altitude. — 578 mètres (et non 588).

Dimensions. — Très variables suivant le degré de sécheresse ou d'humidité, et suivant les saisons.

Profondeur. — 0^m50 à 2 mètres vers la fin de l'été.

Température. —

Le 29 septembre 1887 à 5 h. $^1/_2$ du soir.	Température extérieure	18^0
	» de la surface....	20^0
Le 29 janvier 1889............	Température extérieure	$10^0 5$
	» de la surface....	12^0

Faune. —

Protozoaires.

Arcella vulgaris Ehr.
Difflugia pyriformis Ehr.

Centropyxis aculeata Ehr.
Peridinium sp.

Rotifères. — *Brachionus amphiceros* Ehr.

Copépodes.

Cyclops viridis Fischer.

Cyclops diaphanus Fischer.

(1) Le terme de *Cedro* s'applique en portugais au *Juniperus brevifolia* ; comme on ne trouve plus la moindre trace de cet arbuste sur ces sommets, l'origine de cette désignation doit remonter à une époque très ancienne. Chaves en a trouvé deux troncs dans le lac même, par 0^m50 de profondeur et les paysans lui ont appris qu'ils avaient fait à plusieurs reprises semblable trouvaille.

Cladocères.

Daphnia pennata O. F. Müller.   *Alona affinis* Leydig.
Chydorus sphœricus O. F. Müller.   *A. testudinaria* Fischer.
Pleuroxus nanus Baird.

Ostracodes.

Cypris obliqua Brady.   *Cypridopsis villosa* Jurine.
C. elegans Moniez.

Poissons. — *Cyprinopsis auratus* L.

Batraciens. — *Rana esculenta* L.

LAGOA DO PEIXE.

Cette mare, toute petite en dépit du nom pompeux de Lagoa que lui donnent les insulaires, n'atteint pas les dimensions du lac de Pao-Pique. Elle ne figure point sur la carte du capitaine Vidal; Chaves fixe approximativement sa position à mi-distance environ entre le Lagoa do Cedro au Sud et le Lagoa do Carvão au Nord.

Altitude. — 623 mètres.

Dimensions.— Très médiocres ; d'après les fontainiers, la superficie serait d'environ une alqueire et demie, soit 20 ares 85.

Profondeur. — 1^{m}50 environ.

Température. —

Le 29 janvier 1888.....	Température extérieure.............,......	11°
	» de la surface..........	12°
Le 13 mai 1888........	Température extérieure.	12°
	» de la surface	16°
Le 12 septembre 1888..	Température extérieure	16°5
	» de la surface.....	18°
Le 10 janvier 1889	Température extérieure.......... ..	9°
	► de la surface.....	10°
Le 9 janvier 1895.....	Température extérieure.............	9°
	» de la surface	12°

Faune. — Les eaux de cette mare contenant plusieurs formes intéressantes, le capitaine Chaves a bien voulu y effectuer des pêches à quatre reprises différentes, aussi la liste faunistique est-elle longue et bien remplie : nous y rencontrerons des types nouveaux.

Protozoaires.

Arcella vulgaris Ehr.
Euglypha alveolata Duj.
Difflugia pyriformis Ehr.
Peridinium tabulatum Clap. et **Lachm.**

Centropyxis aculeata Ehr.
Trinema enchelys Ehr.
Nebela collaris Ehr.

Rotifères.

Actinurus Neptunius Ehr.
Furcularia sp.
Callidina sp.
Salpina mucronata Ehr.

Monostyla lunaris Ehr.
Pterodina patina Ehr.
Euchlanie deflexa Gosse.
Anuræa aculeata Ehr.

Le nombre des Rotifères est important relativement à ce que l'on trouve d'ordinaire dans les Lagoas açoréens. Trois espèces n'ont point été retrouvées ailleurs ; ce sont : *Salpina mucronata, Euchlanis deflexa* et une *Callidina* sp., assez voisine de *C. elegans,* mais qu'il m'a été impossible de déterminer avec certitude. *Anuræa aculeata* est rare et je ne l'ai rencontré que dans les Lagoas de Pao-Pique et de Peixe ; parmi les exemplaires provenant de cette dernière localité, un seul appartenait à la variété décrite par Gosse sous le nom d'*A. brevispina.*

Vers.

Dorylaimus stagnalis Duj.

Nais elinguis O. F. Müller.

Copépodes.

Cyclops viridis Fischer.
C. fimbriatus Fischer.

Canthocamptus horridus Fischer.

C'est la première fois que nous voyons apparaître ces deux dernières espèces. Le *Cyclops fimbriatus,* très rare dans les Lagoas, est au contraire commun dans les Tanques, les

Charcos (1), et les auges des fontaines, soit à S. Miguel, soit à Terceira. Le *Canthocamptus horridus* m'a paru au contraire très peu répandu : en dehors du Lagoa de Peixe, je ne l'ai guère observé, aux Açores, que dans la fontaine de Ribeira-Secca et dans une flaque de la *Grotta do Sombreiro*, près de Sete-Cidades (S. Miguel) ainsi que dans la *Fonte dos Caës* (Santa Maria).

Cladocères.

Daphnia pennata O. F. Müller.	*Alona costata* Sars.
Chydorus sphæricus O. F. Müller.	*A. testudinaria* Fischer.
Streblocerus serricaudatus Fischer.	*A. tuberculata* Kurz.
Pleuroxus nanus Baird.	

Tardigrades. — *Macrobiotus* sp.

Même espèce que dans le lac de Sete-Cidades et nombre d'autres Lagoas.

Poissons. — *Cyprinopsis auratus* L.

Batraciens. — *Rana esculenta* L.

CALDEIROÉS DO PICO DAS EGUAS.

Ces deux tout petits lacs (*Caldeirão* est un diminutif de *Caldeira*) sont à peu près de mêmes dimensions ; ils sont situés au Sud du Lagoa do Canario et au Nord-Est du plus septentrional des Lagoas empadadas. Je n'ai exploré que le plus petit de ces deux lacs, le plus voisin des Lagoas empadadas ; mes pêches y ont été peu fructueuses.

Altitude. — 828 mètres (et non 838 m.).

---

(1) *Tanque* se dit aux Açores d'une sorte de petit étang artificiel, qui n'est jamais situé au fond d'une Caldeira ; on donne le nom de *Charco* à un abreuvoir, creusé de la main de l'homme, et dont les eaux sont généralement assez sales à cause des troupeaux qui viennent s'y désaltérer ou s'y rafraîchir : *Charquinho* est un diminutif du mot précédent et s'applique à un *Charco* de très petites dimensions (Voir page 113 pour de plus amples explications).

Dimensions. — A peu près celles du Lagoa do Peixe.

Profondeur. — Les fontainiers n'ont jamais sondé ce lac, mais, à en juger d'après la couleur foncée, presque noire, de ses eaux, ainsi que par ses rives escarpées, la profondeur doit en être assez considérable.

Température. —

| Le 23 septembre 1887 | Température extérieure.......... | 18⁰ |
| à 3 heures du soir. | »   de la surface........ | 19⁰ |

Faune. — Le flacon qui contenait les récoltes faites dans la vase des bords a été brisé durant le voyage, d'où l'absence de formes limicoles, en particulier des Rhizopodes et des Rotifères.

Copépodes. — *Cyclops viridis* Fischer (1).

Cladocères.

    Daphnia pennata O. F. Müller.   *Chydorus sphæricus* O. F. Müller.
    Alona testudinaria Fischer.

Hémiptères. — *Corixa atomaria* Illiger.

Coléoptères.

    Gyrinus atlanticus Régimb.   *Parnus luridus* Erichson.

Poissons. — Le *Cyprinopsis auratus* m'a paru manquer dans ces eaux.

Batraciens. — *Rana esculenta* L.

CALDEIROÉS DA LAGOA RAZA.

Ces deux petits cratères ne figurent point non plus sur la carte de Vidal; ils se dressent au Sud du Lagoa raza II. dont ils semblent d'ailleurs une dépendance ainsi que

---

(1) Beaucoup portaient des Vorticelles.

l'indique leur nom. Le plus grand des deux dépasse à peine les dimensions du Lagoa do Peixe : ce sont plutôt des mares que des lacs.

Altitude. — 793 mètres (et non 803 m.) pour le cratère septentrional, 796 mètres (et non 806 m.) pour le cratère méridional.

Profondeur. — Très variable suivant les pluies et les saisons ; à la fin de l'été de 1887, le plus grand cratère mesurait environ 1^m,50 de profondeur, et le plus petit à peine 0^m,50.

Température. — La même dans les deux Lagoas.

Le 29 Septembre 1887, à 3 h. du soir. { Température extérieure..... = 17°. » de la surface... = 18°.

Faune. —

Copépodes.

Cyclops viridis Fischer   *Cyclops fimbriatus* Fischer.

Cladocères.

Chydorus sphœricus O. F. Müller.   *Alona testudinaria* Fischer.
Pleuroxus nanus Baird.   *A. tuberculata* Kurz.
Streblocerus serricaudatus Fischer.

Coléoptères. — *Gyrinus atlanticus* Régimb.

CALDEIRÃO DA VACCA BRANCA.

Ce Lagoa, n'a pas été non plus mentionné par Vidal ; il est situé fort au Sud de tous les précédents. C'est plutôt un marécage, dont les dimensions et la profondeur varient suivant les saisons, comme nous l'avons vu pour la plupart des nappes que nous venons d'étudier en dernier lieu.

Altitude. — 769 mètres (et non 779 m.).

Température. —

Le 29 Septembre 1887, $\Big\{$ Température extérieure..... $= 17^{\text{o}}$.
à 3 h. du soir.   »   de la surface... $= 18^{\text{o}}$

Faune. —

Protozoaires. — *Arcella vulgaris* Ehr.

Copépodes.

Cyclops viridis Fischer.   *Cyclops fimbriatus* Fischer.

Cladocères. —

Chydorus sphæricus O. F. Müller.   *Pleuroxus nanus* Baird.
Alona testudinaria Fischer.   *Alona tuberculata* Kurg.

Poissons. — *Cyprinopsis auratus* L.

Batraciens. — *Rana esculenta* L.

LAGOA DO CAVALLO

Ce petit lac, qu'on appelle encore Lagoa da Achada, est situé à quelques centaines de mètres au Sud-Est du Lagoa do Peixe.

Altitude. — 592 mètres.

Dimensions. — Celles du Lagoa do Peixe environ, soit une superficie de 21 ares.

Température. —

Le 9 Janvier 1895. $\Big\{$ Température extérieure ...... 9°
    id.   de la surface.... 12°

Faune. —

Protozoaires.

Difflugia pyriformis Ehr.   *Centropyxis aculeata* Ehr.

Rotifères. — *Fterodina patina.* Ehr.

6

Copépodes. — *Cyclops viridis* Fischer.

Cladocères.

Alona testudinaria Fischer.
A. costata Sars.

Alona tuberculata Kurz.
Chydorus sphæricus O. F. Müller.

Batraciens. — *Rana esculenta* L.

LAGOA DAS CANNAS

Ici encore, il s'agit d'un tout petit lac, situé à l'Est du précédent, et qui rappelle par son aspect le Lagoa do Peixe.

Altitude. — 594 mètres.

Dimensions. — Les mêmes que pour le Lagoa do Cavallo, soit une superficie d'environ 21 ares.

Température. —

Le 9 Janvier 1895 { Température extérieure...... 9°
id. de la surface... 11° 5

Faune. —

Protozoaires.

Difflugia pyriformis Ehr.

Centropyxis aculeata Ehr.

Rotifères.

Pterodina patina Ehr.

Brachionus pala Ehr.

Tardigrades. — *Macrobiotus* sp.

Copépodes. — *Cyclops viridis* Fischer.

Cladocères. —

Alona testudinaria Fischer.
A. tuberculata Kurz.
A. costata San.

Chydorus sphæricus O. F. Müller.
Pleuroxus nanus Baird.

Batraciens. — *Rana esculenta* L.

REGION ORIENTALE DE L'ILE DE SAN-MIGUEL.

Beaucoup plus considérable en surface que la précédente, la région Est de l'île de S. Miguel ne comprend qu'un nombre relativement restreint de Lagoas : le Lagoa das Furnas, le Lagoa do Fogo, le Lagoa do Congro et le Lagoa de S. Braz (1), soit quatre en tout (au moins d'après mes excursions et les renseignements que j'ai pu recueillir) (2). Cette infériorité numérique est compensée par les dimensions et la profondeur des lagoas — tous de véritables lacs et non des marécages — qui sont supérieures à celles que nous avons généralement relevées dans les caldeiras de la région occidentale : la superficie des Lagoas das Furnas et do Fogo, sans atteindre celle du Lagoa grande, dépasse pourtant d'une façon notable celle du Lagoa azul ; les Lagoa do Congro et de S. Braz, bien que de proportions plus modestes, offrent néanmoins une surface plus étendue que celle de tous les petits lacs de la région occidentale, à part peut-être celui qui remplit le fond de la Caldeira grande (encore appelé Caldeira do Peixe ; ne pas confondre avec le petit marécage désigné sous le nom de Lagoa do Peixe, dont nous venons de parler).

LAGOA DAS FURNAS

Ce lac s'écarte considérablement, par son aspect physique, de tous ceux que nous avons vus jusqu'à présent ; ce n'est plus, en effet, un Lagoa type, formé par les pluies amassées au fond d'une Caldeira éteinte, mais bien plutôt un lac ordinaire étalant ses eaux dans une sorte de vallée d'origine

---

(1) Ce dernier ne figure pas sur la carte de Vidal.

(2) Chaves m'a écrit tout récemment que les bergers lui avaient indiqué l'existence d'un cinquième lac, tout petit, à quelques kilomètres au Sud-Est du Lagoa de S. Braz, le Lagoa dos Espraiados ; il ne l'a pas visité, mais il a indiqué sur la carte II sa situation approximative d'après le dire des montagnards de la région.

volcanique. Les montagnes qui bordent le lac au Nord, à l'Ouest, et aussi un peu au Sud, sont hautes et escarpées ; à l'Est au contraire, la pente est beaucoup plus douce et c'est sans aucune difficulté qu'on a tracé la superbe route qui, en longeant le Lagoa dans presque toute son étendue, conduit de Villa-Franca au village de Furnas. Si l'on n'était mis en éveil par la constitution volcanique spéciale du sol et par le cachet particulier de désolation qu'imprime aux lacs açoréens l'absence de toute végétation littorale, on pourrait se croire en Suisse, ou mieux en Ecosse.

Le Lagoa das Furnas représente assez exactement un 8 dont la grande boucle serait au Sud, la petite boucle, de dimensions très restreintes, étant naturellement située au Nord. A l'extrémité tout à fait septentrionale de cette dernière, au pied des grands escarpements du Pico do Ferro, d'abondantes et épaisses vapeurs blanchâtres annoncent au voyageur que des sources minérales jaillissent sur les bords mêmes du lac. Je transcris ici l'excellente description qu'en donne M. Fouqué :

« En ce point un espace d'une étendue d'un demi-hectare environ est le siège de dégagements multipliés de gaz et de vapeurs à une haute température. La quantité d'eau qui sort en même temps que les gaz est peu abondante, et le terrain serait bientôt débarrassé des flaques d'eau bouillante qui le couvrent si l'on détournait le cours d'un ruisseau d'eau douce (1) qui descend de la grande cascade voisine et alimente les bassins.

« Ce ruisseau, abondant en hiver, fournit à peine en été une quantité d'eau suffisante pour compenser la perte que les flaques d'eau bouillante subissent par évaporation. On a donc là de petites nappes d'eau très circonscrites, traversées par un afflux extrêmement abondant de gaz chaud et largement aérées.

---

(1) Ce torrent est figuré sur la carte de Vidal ; la grande cascade s'appelle le *Salto do Baryado*.

« Dès lors, il n'est pas étonnant que l'hydrogène sulfuré s'y transforme en acide sulfurique, comme nous l'avons constaté pour la Caldeira de Pedro Botelho (1). »

Il est bien évident que l'irruption de ce torrent chaud (2) dont les eaux sont fortement chargées de principes minéraux, apporterait de notables modifications dans le régime des habitants du Lagoa das Furnas, tout au moins aux environs de l'embouchure du torrent. Mais d'après les renseignements que j'ai pu recueillir, confirmés d'ailleurs par l'aspect des lieux, ledit torrent n'a jamais passé au au travers des sources chaudes et semble toujours s'être jeté directement dans le lac : ceci s'entend naturellement de l'hiver, car en été le lit en est presque entièrement à sec.

Tout le pourtour de la petite boucle du Lagoa offre un aspect particulier, dû surtout à l'épais tapis de gazon, formé de nombreuses graminées, qui borde les rives, ce que je n'ai jamais vu dans aucun autre lac ; en outre, la végétation des Potamots est très active et l'on voit ces derniers se développer, à deux ou trois mètres de la grève, en une sorte de large ceinture qui s'étend fort en avant dans le lac. Tout le long de la rive, là où le niveau varie entre $0^m 10$ et $0^m 50$ de profondeur, la surface de la nappe liquide est perpétuellement agitée de bouillonnements bruyants, occa-

---

(1) Fouqué: *Les eaux thermales de l'île de S. Miguel*, p. 69-70.

Voici, à titre de renseignement, l'analyse des eaux des dites sources, toujours d'après M. Fouqué :

Sulfate de soude	85
Sulfate de potasse	6
Chlorure de sodium	79
Sulfate de chaux	9
Oxyde de fer	4
Acide chlorhydrique	10
Silice	95
	288

(2) Le capitaine Chaves a noté à plusieurs reprises la température de ce torrent ; voici le résultat de ses observations: 95° en avril 1888 et en mars 1888 ; 96° en septembre 1888.

sionnés par des dégagements gazeux ; l'eau, examinée par moi sur place, n'a aucune action sur le papier de tournesol et ne noircit pas le papier à l'acétate de plomb. Pourtant les gaz qui s'échappent ainsi sont manifestement sulfureux ainsi que j'ai pu m'en assurer par l'odorat, en en recueillant, une certaine quantité dans un flacon renversé. En tout cas, ces dégagements ne paraissent nullement incommoder les animaux, car, outre les Poissons et les têtards de Grenouilles, qui étaient fort nombreux, j'ai recueilli en ces points des Cladocères et des Copépodes en grande abondance.

La boucle méridionale du Lagoa das Furnas est beaucoup plus vaste que la boucle septentrionale ; la végétation aquatique y est moins dense, les grèves plus dénudées, l'eau plus limpide et plus profonde. Vers l'extrémité tout à fait Sud, le lac reçoit un torrent que l'on voit figurer sur la carte de Vidal (1) et qui porte le nom de Ribeira de Rosal. Le lit en était à sec lors de mon passage, mais il paraît que le débit est assez considérable de janvier à mai. Grâce à l'extrême amabilité de M. José do Canto, j'ai pu remonter le ravin desséché jusqu'au niveau d'une cascade dont l'eau tombait de la montagne, mais en si petite quantité qu'elle était bue par le sol aride avant d'arriver au lac ; sous les pierres submergées de cette cascade j'ai rencontré en grande abondance le *Planaria polychroa*, ainsi qu'une rare et curieuse hydrachnide, le *Sperchon brevirostris* Kœnike.

L'eau du lac, soumise à l'analyse, a fourni au professeur Lambling les résultats suivants, pour un litre d'eau filtrée :

Résidu fixe (desséché à + 115°)........ 0$^{gr.}$145
Matières organiques................. 0, 032
Matières minérales................. 0, 113
Chlore (exprimé en NaCl) 0, 032

L'échantillon présentait un léger dépôt floconneux jau-

(1) Le trajet de cette Ribeira ne me paraît bien dessiné que dans la partie qui touche au lac.

nâtre, de nature organique ; il avait pris une saveur très légèrement saumâtre.

Altitude. — Le chiffre de 263 mètres (864 pieds) donné par Vidal, et accepté par de Guerne, est certainement trop bas ; par contre, celui de 288 mètres que j'avais déduit de mes observations barométriques est un peu trop haut : Chaves, avec son obligeance accoutumée, a bien voulu trancher la question et a fixé l'altitude du Lagoa das Furnas à 280 mètres (1).

Dimensions. — Après le lac principal de Sete-Cidades (Lagoa grande), le Lagoa das Furnas est celui dont la superficie est la plus considérable. Du Nord au Sud son grand axe mesure à peu près 1950 mètres et sa plus grande largeur, dans la boucle méridionale, atteint environ 930 mètres. La surface est approximativement de 115 hectares.

Profondeur. — Le capitaine Chaves, qui a fait quelques recherches à ce sujet, n'a pas rencontré de fonds supérieurs à 14 mètres, ce qui concorde presque exactement avec les sondages donnés par Vidal, soit 14^m,60 (8 fathoms) ; c'est dans la boucle méridionale que cette profondeur maximum a été observée.

Température. — J'ai exploré à deux reprises le Lagoa das Furnas, et Chaves a bien voulu, de son côté, y faire plusieurs excursions à des époques différentes ; nous avons donc pu recueillir des renseignements assez importants sur le régime thermique du lac.

Le 26 Septembre 1887 à midi.	(Température extérieure = 19° 75
	(» de la surface = 22° 25

(1) Il est bien évident, je le répète, que le niveau des lacs varie suivant les saisons et que, par conséquent, l'altitude et la profondeur peuvent subir un écart de deux à trois mètres. Les chiffres que je donne ont été presque tous pris en été.

Le 30 Mars 1888 à 11 h. du matin.	(Température extérieure = 15°
	(» de la surfcce = 14° 25
Premiers jours de Septembre 1888 Heure ?	(Température extérieure = 20°
	(» de la surface = 22°
Idem à 8 h. 1/2 du soir.	(Température extérieure = 19°
	(» de la surface = 22° 25

Enfin la température du fond a été prise une fois (avec un thermomètre à minima), également dans les premiers jours de Septembre 1888 : voici les chiffres observés :

Température extérieure........ = 19°
  »   de la surface. = 22° 25
  »   du fond (14 mètres) = 19° 25

Depuis lors, Chaves a noté à maintes reprises la température du lac de Furnas en différentes saisons, et voici les conclusions générales auxquelles il est arrivé : la température moyenne annuelle étant à Furnas de 16°, celle des eaux du lac est en moyenne de 14°25 pendant l'hiver, aussi bien au fond qu'à la surface ; en été, cette température est de 22°5 en moyenne à la surface, tandis qu'au fond (14 m.) elle est inférieure de 2° à 3°, diminuant progressivement d'un demi degré à peu près par mètre.

Faune. — D'une façon générale, et dans ses grandes lignes, la faune du Lagoa das Furnas ressemble beaucoup à celle de Sete-Cidades. Certaines particularités pourtant m'ont frappé : d'abord l'extraordinaire profusion de *Cyclops viridis* et la rareté relative des *Daphnella brachyura* ; puis l'abondance, dans toutes mes pêches littorales, de la *Difflugia acuminata*, que je n'ai jamais rencontrée ailleurs que dans le lac de Furnas et dans quelques *Tanques* de la vallée du même nom ; enfin la présence du *Leydigia acanthocercoides*, dont l'habitat ordinaire est tout différent, car il pullule d'habitude dans les auges des fontaines et dans les petites mares peu profondes. Je reviendrai d'ailleurs sur ces faits au courant de l'énumération qui va suivre.

Protozoaïres.

Arcella vulgaris Ehr.
Difflugia pyriformis Perty.
D. acuminata Ehr.
D. constricta Ehr.
Centropyxis aculeata Ehr.
Trinema enchelys Ehr.
Ceratium hirundinella O. F. Müller.
Vorticella sp.

Nebella collaris Ehr.
Euglypha alveolata Duj.
Dinobryon sertularia Ehr.
Peridinium tabulatum Clap. et Lach.
Glenodinium sp.
Stylonichia mytilus Ehr.
Condylostoma patens Duj.

D'une façon générale, les Rhizopodes, les Flagellates et les Cilio-Flagellés sont les mêmes que ceux du Lagoa de Sete-Cidades. Une seule exception mérite d'être faite pour *Difflugia acuminata* qui, comme je l'ai déjà dit, paraît tout à fait localisé aux environs de Furnas. *Stylonichia mytilus* et *Condylostoma patens* sont assez communs dans l'espèce de limon mélangé d'algues qui revêt la surface de toutes les pierres immergées de la rive. Ce sont les seuls Infusoires que j'ai observés dans mes pêches des Açores, et encore ne les ai-je rencontrés qu'à Furnas. L'explication du fait est toute simple : J'ai pu rapporter à Lille une certaine quantité de vase de ce lac, avec les nombreux Protozoaires, Rotifères, etc. qu'elle contenait et étudier ainsi ces espèces à mon aise.

Cœlentérés. — *Hydra fusca* L.

Deux exemplaires seulement, dans les herbes du rivage. L'hydre semble rare aux Açores; à S. Miguel je ne l'ai trouvée, en dehors du lac de Furnas, que dans deux autres localités : le Lagoa de Pao-Pique et un petit Tanque, à Furnas même. Chaves l'a aussi rencontrée en quelques points de Sta Maria.

Vers. —

Nais elinguis O. F. Müller.
Naidium luteum O. Schmidt.
Dero palpigera Grobnicky.

Dorylaimus stagnalis Duj.
Chaetonotus sp.

Les *Chætonotus* et les *Dorylaimus* sont identiques à ceux de Sete-Cidades ; ils vivent également dans la vase.

Naidium luteum est une intéressante espèce, connue en Allemagne et en France (Lille), où le professeur Moniez l'a trouvée il y a quelques années.

Le *Dero palpigera* a été signalé d'abord par Grebnicky dans la Russie méridionale ; depuis, il a été décrit à nouveau sous le nom de *Dero Rodriguezi* par Semper, qui l'avait recueilli à Mahon, dans les îles Baléares (Semper : *Beiträge zur Biologie der Oligochæten*. Arbeiten aus dem zool.-zoot. Institut in Würzburg, Bd. IV, p. 106, pl. IV, fig. 15 et 16).

Rotifères. —

Philodina roseola Ehr.

Pterodina patina Ehr.

Asplanchna Imhofi de Guerne (1).

Furcularia sp.

Les exemplaires de *Furcularia* conservés dans mes récoltes n'étaient point en assez bon état pour que je pûsse les déterminer exactement, mais il m'a paru qu'il en existait au moins deux espèces.

D'après les observations répétées de Chaves, les *Asplanchna* sont ici beaucoup moins abondants qu'à Sete-Cidades.

Copépodes. — *Cyclops viridis* Fischer.

Ce Copépode pullule dans les eaux du lac d'une façon tout à fait extraordinaire. Certaines pêches de nuit ramènent dans le filet une véritable purée de ces petits animaux, mélangés de *Chydorus sphæricus*, également très communs.

Cladocères. —

Daphnia pennata O. F. Müller.

Daphnella brachyura Liévin.

Chydorus sphæricus O. F. Müller.

Alona costata Sars.

Leydigia acanthocercoides Fischer.

---

(1) J'ai déjà dit plus haut (page 50) que, d'après von Daday, il faudrait identifier l'*Asplanchna Imhofi* de Guerne, à l'*A. Sieboldi* Leydig.

Plusieurs remarques sont à faire au sujet des Cladocères du lac de Furnas : c'est d'abord la présence du *Leydigia acanthocercoides*, puis la rareté relative de *Daphnella brachyura*, qui est peu commun, même dans les pêches de nuit, et enfin l'absence de trois formes généralement répandues dans tous les Lagoas : *Alona testudinaria*, *A. tuberculata* et *Pleuroxus nanus*. Bien que de nombreuses récoltes me soient passées par les mains et que j'aie minutieusement examiné au microscope le contenu d'une grande quantité de flacons, je n'ai jamais rencontré la moindre carapace se rapportant à l'un de ces trois types, d'ordinaire si communs.

Ostracodes. — *Cypridopsis villosa* Jurine.

Assez rare ; dans la vase de la rive.

Tardigrades. — *Macrobiotus* sp.

Bryozoaires. — *Plumatella repens* L.

Poissons. — *Cyprinopsis auratus* L.

Batraciens. — *Rana esculenta* L.

Il est à peine besoin de dire que les eaux du lac sont fréquentées par les mêmes oiseaux qu'à Sete-Cidades et que dans tous les autres Lagoas, d'une façon générale.

Le limon recueilli par les profondeurs maximales (14 mèt.) présente absolument les mêmes caractères que celui de Sete-Cidades ; il contient également une grande quantité de fragments de ponce, ainsi que des débris et des carapaces de Crustacés, de Rhizopodes, etc....

Grâce aux naturalistes de l'expédition anglaise du « Challenger », nous possédons quelques données sur la flore algologique du lac de Furnas. Malheureusement une certaine confusion semble s'être établie entre les résultats fournis par les divers savants qui ont étudié, d'une part

les collections recueillies à *Furnas même*, près de la région
des sources thermales, et de l'autre celles qui proviennent du
lac de Furnas. En outre, les températures n'ont pas été
prises au thermomètre, mais seulement à la main, d'une
façon purement approximative (1).

Archer, chargé d'étudier les Algues des récoltes faites
soi-disant au lac de Furnas (*On some Collections made from
Furnas Lake)*, avait adressé à Thiselton Dyer, auquel était
dévolu la détermination des Diatomées, quatre flacons ainsi
étiquetés par Moseley : 1º du lac de Furnas, Açores;
2º d'une fontaine située sur le bord de la route conduisant à
Furnas; 3º au milieu des Carex, dans de l'eau très chaude ;
4º lac de Furnas, en un point d'où s'échappent sans cesse
des bulles de gaz chaud.

Le tube nº 2 n'est d'aucun intérêt présentement pour
nous : il en est de même du tube nº 3, car je n'ai pu observer
en aucun point du lac l'existence de sources chaudes : il
s'agit vraisemblablement de récoltes faites dans les flaques
de la Caldeira da Lagoa. Au contraire, les tubes nᵒˢ 1 et 4
contiennent des récoltes provenant sûrement du lac : le
tube nº 1, en un point indéterminé, le tube nº 4 dans la
boucle Nord (voir plus haut, p. 85-86).

Il serait plus aisé de s'y reconnaître, si Archer avait
conservé les divisions ci-dessus en énumérant les résultats
de ses recherches personnelles : malheureusement, il n'en
est rien. La température du lac même de Furnas, donnée
par Moseley d'après Webster — de 25º 5 à 87º 70 (2) —
est d'ailleurs faite pour augmenter les perplexités d'Archer,
qui se demande, non sans raison, si les organismes dont il

(1) Voir *Notes on Freshwater Algæ obtained as the boiling Spring at Furnas,
St-Michael's, Azores*, par H. W. MOSELEY ; *Note on the foregoing communication*, par W. T. THISELTON DYER ; *Notes on some Collections made from Furnas
Lake, Azores, containing Algæ and a few other Organisms*, par W. ARCHER —
in the Journal of the Linnean Society, Botany, vol. XIV, nº 77, p. 321-326-
328, 1874.

(2) Evidemment le premier chiffre seul s'applique au lac ; le second doit s'en-
tendre, selon toute vraisemblance, de la Caldeira da Lagoa.

a observé les restes ont pu vivre à de semblables températures ! Outre une certaine quantité d'Algues, Archer a en effet constaté l'existence de plusieurs Protozoaires : *Dinobryon sertularia*, *Trachelomonas* sp., *Peridinium* sp., *Euglypha alveolata*, *Trinema acinus*, *Echinopyxis (Centropyxis) aculeata*, *Pleurophrys fulva* (1), *Difflugia acuminata* (déterminée avec doute), et enfin une *Difflugia* sp.

Comme on le verra plus loin, j'ai retrouvé moi-même dans la vase des rives du lac de Furnas toutes les espèces ci-dessus, sauf le *Trachelomonas* et le *Pleurophrys fulva*; d'autre part, j'ai examiné avec le plus grand soin de nombreuses pêches faites dans les sources thermominérales de Furnas (2) et je n'ai jamais pu y découvrir la moindre trace

(1) Le *Pleurophrys fulva* ne serait autre chose, d'après Leidy, qu'une *Pseudodifflugia*, peut-être la *Ps. gracilis* Schlumberger (Voir LEIDY, *Freshwater Rhizopoda of North America*, p. 200, 1879).

(2) M. Fouqué (*loc. cit.*) a publié une série d'observations thermométriques faites sur quelques sources minérales de Furnas ; grâce aux intéressantes recherches du capitaine Chaves, nous sommes à même de donner ci-dessous un tableau beaucoup plus complet des températures de presque toutes les sources du *Valle das Furnas* ; on y constatera de curieuses variations dans la température de certaines de ces sources d'une année à l'autre.

NOMS DES SOURCES.	Altitude.	TEMPÉRATURES					
		Fouqué	Chaves Avril 1887	Chaves Mars 1888	Chaves Sept. 1888	Chaves Janv. 1889	Chaves Sept. oct. 1889
Fontaine ferrugineuse près l'établissement des bains.	208ᵐ	—	42°	41°5	41°5	41°25	41°
Source de Quenturas	208,5	48°	52°3	51°75	52°75	5g°5	52°5
Source de Agua Azedu	213	16°	15°2	15°5	15°2	15°25	15°5
Source de Padre José	209	51°	52°9	50°25	50°75	50°75	50°5
Source de Agua Santa	214	88°	86°	81°	93°	91°	92°
Source de Miguel Henriques	214,5	—	16°	—	16°	15°75	16°
Agua prata	214	—	17°75	—	17°5	—	17°5
Caldeira dos Vimès	214,5	—	97°	95°25	93°	96°	96°5
Caldeira de Asmodeu	217	—	96°	—	95°	94°5	95°
Caldeira grande	219	98°5	98°75	—	98°	—	98°
Caldeira da Lagoa(*)	282	—	95°	95°	98°	—	94°
Sanguinhal	243	30 à 38°	31°5	—	—	—	—

(*) Il s'agit de la source la plus chaude. A ce sujet, Chaves m'écrit : « La plu-

des Protozoaires susnommés : les Algues au contraire y étaient fort abondantes. Une fois de plus encore, il devient donc évident que les animaux inférieurs signalés par Archer proviennent du lac de Furnas et non des sources thermo-minérales.

LAGOA DO FOGO (1).

De même superficie environ que le Lagoa das Furnas, ce lac n'occupe point non plus le fond d'une caldeira, mais remplit la partie basse d'une sorte de cirque entouré de tous côtés de hautes cîmes, dont la plus élevée est, à l'Ouest, le *Serro* (2) *d'Agua de Pao* (935 mètres).

Certains auteurs ont admis, comme date probable de la formation du Lagoa do Fogo, l'année 1563, durant laquelle une formidable éruption eut lieu dans le massif de la *Serra d'Agua de Pao* (3). L'étude des faits ne semble en rien justifier cette hypothèse; voici d'ailleurs à ce sujet l'avis motivé du capitaine Chaves, si compétent en tout ce qui touche à l'étude géologique et orographique de l'île de S. Miguel : « Quant à la date de la formation du Lagoa do

---

part de ces sources sont captées, et l'on ne peut prendre la température à l'endroit même où elles jaillissent ; il faut en excepter toutefois les *Caldeiras dos Vimés, de Asmodeu, grande* et *da Lagoa,* pour lesquelles j'ai toujours pu placer mon thermomètre à maxima au centre même de la gerbe.

» L'influence du captage est très nette ; ainsi, la source de *Padre José,* après s'être tarie un instant, avait une température bien supérieure à l'ancienne ; il en fut de même pour *Agua Santa,* après une réparation exécutée en Juin 1888.

» Ni les grandes pluies, ni les changements de température extérieure, ni les tremblements de terre (ainsi que j'ai pu l'observer à deux reprises différentes) n'ont d'influence sur la température propre des sources de Furnas. Malgré le dire des habitants de la vallée, je n'ai pu davantage remarquer que les sources jaillissaient avec plus de force avant et après les secousses sismiques. »

(1) Par allusion, sans doute, à l'éruption dans laquelle on suppose qu'il a pris naissance.

(2) *Serro* veut dire pic, tandis que *Serra* s'entend d'une chaîne de montagnes.

(3) Voyez à ce sujet : *Vulcanismo nos Açores, VI, Anno de 1563,* dans Archivo dos Açores, t. II, p. 85-93, 1880.

Fogo, on n'en peut rien dire, sinon qu'elle semble ètre
antérieure à la découverte mème de l'île, ainsi qu'il ressort
des considérations suivantes. La *Ribeira grande*, sur le
versant Nord, et la *Ribeira da Praïa*, sur le versant Sud,
prennent naissance, suivant toute probabilité, aux dépens
d'infiltrations provenant du Lagoa do Fogo (1); s'il en était
autrement, il faudrait supposer l'existence de grands
réservoirs intérieurs, d'épaisses couches imperméables,
hypothèses que ne permettent ni la constitution, ni la
configuration des terrains. Dès leur arrivée dans l'île, les
premiers colons avaient reconnu les deux rivières en
question, leur donnant le nom qu'elles portent encore
aujourd'hui. Nous sommes donc conduits à admettre que
le réservoir qui alimentait ces deux cours d'eau — c'est-à-
dire le Lagoa do Fogo — était déjà formé à cette époque.
Du jour où les colons débarquèrent à S. Miguel, jusqu'en
1563, aucune éruption n'eut lieu dans cette partie de l'île ;
c'est seulement durant les mois de juin et de juillet 1563
que de nombreuses et puissantes éruptions se succédèrent
sans trève aux environs de la *Serra d'Agua de Pao*, ou
dans d'autres cratères voisins du Lagoa do Fogo. D'après
Gaspar Fructuoso, une de ces éruptions fit disparaître les
deux rivières les plus grandes et les plus nécessaires, la
Ribeira grande et la Ribeira da Praïa. Ont-elles cessé de
couler parce que le lac s'était desséché ? Je ne le crois pas,
d'autant plus que quinze jours après, la Ribeira grande
avait repris son cours primitif. Je pense que les deux
rivières avaient disparu sous les déjections de l'éruption,
éruption si violente que, durant près de trente jours,
raconte Fructuoso, les cendres rassemblées en épais nuages

(1) Le sentier de mulet qui conduit au Lagoa do Fogo, suit presque tout le
temps (jusqu'à quelques centaines de mètres du lac), la vallée de la Ribeira da
Praïa qui, contrairement aux autres rivières de S. Miguel, débite toute l'année,
même au plus fort de l'été, une quantité d'eau relativement considérable,
formant plusieurs cascades sur son parcours : le *Sperchon brevirostris* Kœnike
y est fort commun.

obscurcirent la vue du soleil. J'ai vu moi-même, à Furnas, en 1881, une rivière disparaître sous des éboulements de tuf provoqués par un tremblement de terre. »

Ici encore nous en sommes donc réduits aux conjectures, et il semble bien difficile d'accepter, même à l'état d'hypothèse, une date quelconque : tout ce qu'on peut avancer avec Chaves, c'est que la formation du lac semble remonter à une époque antérieure à l'arrivée des colons et, par conséquent, à 1563.

Les eaux du Lagoa do Fogo ont été analysées sommairement par le professeur Lambling ; ce sont les plus pures que nous ayons rencontrées, ainsi qu'on en jugera d'après le tableau ci-dessous, établi pour un litre d'eau filtrée :

Résidu fixe (desséché à + 115)..................... 0gr·067
Matières organiques......................... 0, 030
Matières minérales............................ 0, 037
Chlore (exprimé en Na Cl)..................... 0, 024
Réaction neutre. — Saveur agréable.

Altitude. — 567 mètres d'après les observations du capitaine Chaves, 558 mètres d'après les miennes (1).

Dimensions. — Le Lagoa do Fogo est très irrégulier de forme et ses dimensions sont, par ce fait même, difficiles à apprécier ; il mesure 1750 mètres dans sa plus grande longueur, de l'Est à l'Ouest, et 1040 mètres dans sa plus grande largeur, du Nord au Sud. La surface, calculée sur la carte de Vidal, est approximativement de 149 hectares (2).

Profondeur. —27m 15 d'après Vidal (15 fathoms) ; je n'ai

(1) Hartung est bien certainement dans l'erreur quand il admet le chiffre de 500 mètres (*loc. cit.*, pl. IV, fig. 2).

(2) Cette appréciation se rapproche beaucoup de celle de de Guerne, soit 141 hectares. J'ai dit plus haut ce que je pensais des différentes méthodes employées pour évaluer le volume approximatif des lacs ; à titre de renseignement, je signalerai le résultat obtenu par de Guerne pour le Lagoa do Fogo. soit 7.000.000 de mètres cubes.

pu contrôler ce chiffre, car il n'y a point de barque sur le Lagoa do Fogo, situé dans des régions désertes.

Température. — Je suis retourné à deux reprises au Lagoa do Fogo et le capitaine Chaves a bien voulu, de son côté, y faire une excursion. Voici les chiffres que nous avons relevés :

Le 19 Août 1887 à midi.	Température extérieure =	24° 6
	» de la surface =	22° 15
Le 27 Septembre 1887 à 10 h. du matin.	Température extérieure =	18° 75
	» de la surface =	20° 60
Le 17 Novembre 1888.	Température extérieure =	13°
	» de la surface =	14° 5

Faune. — La maigre liste qu'on trouvera consignée ci-dessous ne répond évidemment point à la réalité ; la faune du Lagoa do Fogo doit certainement être plus riche que l'indique ce tableau. L'exploration du lac est difficile et il faudrait, pour la mener à bien, monter jusque dans ces hauteurs un canot portatif.

Protozoaires. —
Dinobryon sertularia Ehr.   *Arcella vulgaris* Ehr.

Rotifères. — *Brachionus pala* Ehr.

Copépodes. — *Cyclops viridis* Fischer.

Cladocères. —
Daphnia pennata O. F. Müller.   *Chydorus sphæricus* O. F. Müller.
Daphnella brachyura Liévin.

Bryozoaires. — *Plumatella repens* L.

Poissons. — *Cyprinopsis auratus* L.

Batraciens. — *Rana esculenta* L.

LAGOA DO CONGRO

C'est un des lacs les plus pittoresques des Açores, en

raison de la luxuriante végétation qui revêt les parois internes de l'ancien cratère. Partant d'une métairie voisine, appartenant à M. José do Canto, le chemin qui accède au lac suit d'abord une longue avenue de Buis, hauts de plusieurs mètres, pour arriver à la cime de la Caldeira ; il descend ensuite jusqu'au lac en serpentant entre une haie vive d'Hortensias gigantesques, aux fleurs d'un bleu céleste, alternant avec des Scilles aux teintes plus sombres.

Les petits torrents qui alimentent le lac et bruissent doucement sous les pierres tapissées de Sphaignes, hébergent en grande quantité le *Sperchon brevirostris* et le *Planaria polychroa*, mais ces deux formes ne se retrouvent point sous les galets du lac ; j'ai déjà insisté sur ce fait en parlant du Lagoa das Furnas.

L'eau du Lago do Congro est loin d'être aussi limpide et aussi pure que celle du Lagoa do Fogo ; sa composition générale se rapproche étroitement de celle du Lagoa das Furnas, ainsi qu'on le verra par le tableau ci-dessous, dû, comme tous les autres, à l'obligeance du professeur Lambling :

Résidu fixe (desséché à + 115).................. $0^{gr.}140$
Matières organiques............................ 0, 045
Matières minérales............................. 0, 095
Chlore (exprimé en Na Cl)....................... 0, 030
Réaction neutre. — Saveur agréable.

Altitude. — 427 mètres, d'après mes mesures; 397 m. seulement d'après Chaves qui a bien voulu relever la côte du lac avec le plus grand soin.

Dimensions. — Le Lagoa do Congro est irrégulièrement réniforme d'après la carte de Vidal, il mesure environ 600 mètres dans sa plus grande longueur (du N.-O. au S.-E.); et 350 mètres dans sa plus grande largeur. Sa surface serait approximativement de 16 à 17 hectares, ce qui me paraît exagéré.

Profondeur. — Aucun sondage n'a encore été fait dans

le lac, mais à en juger par ses bords à pic et la coloration très foncée de l'eau, la profondeur doit être assez grande.

Température. —

| Le 23 août 1887, | Température extérieure | = 22° 15 |
| à 1 heure du soir. | »　　de la surface | = 24° 65 |

Le capitaine Chaves a bien voulu, de son côté, faire plus récemment une excursion au Lagoa do Congro et y a relevé les indications suivantes :

| Le 12 octobre 1889, | Température extérieure | = 21° |
| | »　　de la surface | = 20° |

Faune. —

Protozoaires. —

Arcella vulgaris Ehr.　　　　*Difflugia pyriformis* Ehr.
Centropyxis aculeata Ehr.

Copépodes. — *Cyclops viridis* Fischer.

Cladocères. —

Daphnia pennata O. F. Müller.　　*Alona testudinaria* Fischer.
Chydorus sphœricus O. F. Müller.

Bryozoaires. — *Plumatella repens* L.

Poissons. — *Cyprinopsis auratus* L.

Batraciens. — *Rana esculenta* L.

LAGOA DE S. BRAZ.

Quoique d'une certaine importance le Lagoa de S. Braz ne figure point sur la carte du capitaine Vidal. Situé à une altitude élevée, isolé au sein des sommets déserts et brumeux que fréquentent seuls quelques rares pâtres, ce lac est presque inconnu des habitants de S. Miguel ; il est vrai de dire que l'accès en est ardu et que les mulets eux-mêmes, si rompus qu'ils soient aux difficultés habituelles des chemins açoréens, ne gravissent point sans trébucher ces sentes tortueuses, tracées au milieu des Bruyères et des Myrsines par le pied des bestiaux, et rendues effroyablement glissantes par l'humidité qui suinte incessamment des Sphaignes.

J'ai gardé pénible souvenir de cette montée au sein d'une brume intense, durant laquelle, battus par une pluie fine et serrée que chassait un vent violent, nous mîmes, Chaves et moi, plus de dix fois pied à terre pour permettre à nos pauvres montures de sortir des fondrières dans lesquelles elles s'étaient embourbées. C'est du village de Porto-Formoso, sur la rive septentrionale de l'île, que nous étions partis, montant presque directement au Sud-Est. Grâce à Chaves, qui a bien voulu se charger de relever la position du Lagoa de S. Braz, nous avons pu le faire figurer sur la carte II, à la place qu'il doit occuper : Latitude Nord, 37°48' ; longitude Ouest (du méridien de Greenwich), 25°25'.

Altitude. — 667 mètres.

Dimensions. — Il pleuvait à torrents le jour de mon excursion au Lagoa de S. Braz et un brouillard opaque, m'empêchant d'embrasser le lac dans son entier, ne m'a pas permis d'apprécier ses dimensions à vue d'œil. Pourtant, après en avoir fait à pied le tour complet, je crois pouvoir affirmer qu'il mesure plus de 8 alqueires (1 hectare 112), surface que lui attribuent les bergers de la région. Les extrémités Est et Sud sont extrèmement marécageuses sur leurs bords ; au Nord et à l'Ouest, au contraire, la grève est formée d'une sorte de gravier léger, composé presque exclusivement de ponces. Peu de cailloux et de galets sur la rive, car les roches dures font défaut dans les parois du cirque qui enserre le lac.

Profondeur. — Inconnue.

Température. —

Le 21 septembre 1887, 1 h. soir. $\begin{cases} \text{Température extérieure} = 19°25 \\ \qquad \text{Id.} \quad \text{de la surface} = 20° 5 \end{cases}$

Faune. — La faune du Lagoa de S. Braz paraîtra surtout riche en Protozoaires; la raison en est que j'avais pu rapporter à Ponta-Delgada une certaine quantité de limon de la rive, que j'ai étudié à loisir le lendemain au microscope.

Flagellates. — *Dinobryon sertularia* Ehr.

Cilio-Flagellés. — *Peridinium tabulatum* Clap. et Lachm.

Rhizopodes. —

Arcella vulgaris Ehr.
Difflugia pyriformis Perty.
D. constricta Ehr.
Centropyxis aculeata Ehr.

Trinema enchelys Ehr.
Nebela collaris Ehr.
Quadrula symmetrica Schultze.

Ce sont en général, on le voit, les mêmes espèces qu'à Sete-Cidades et qu'à Furnas, c'est-à-dire dans les lacs dont il m'a été possible d'examiner plus sérieusement le limon. A noter seulement la présence du *Quadrula symmetrica*, que je n'ai retrouvé nulle part ailleurs aux Açores, excepté dans la Fonte dos Cães, à Santa-Maria.

Rotifères. —

Pterodina patina Ehr.

Monostyla lunaris Ehr

Vers. — *Prorhynchus stagnalis* Max Schultze.

En examinant au microscope le limon du Lagoa de S. Braz, j'ai rencontré un *Prorhynchus* de même taille et de même couleur que notre *Pr. stagnalis*, forme qui m'était bien connue pour l'avoir observée assez fréquemment dans les fossés des environs de Lille. Bien qu'il m'ait été impossible de faire une détermination absolument certaine, étant donné l'absence de tout ouvrage de spécification, je ne pense pas qu'il s'agisse ici d'une forme nouvelle, ne fût-ce qu'en raison du cachet absolument européen de la faune des eaux douces açoréennes.

Tardigrades. — *Macrobiotus* sp.

Copépodes. — *Cyclops viridis* Fischer.

Cladocères. —

Alona testudinaria Fischer. *Chydorus sphæricus* O. F. Müller.
A. tuberculata Kurz. *Daphnia pennata* O. F. Müller.
Daphnella brachyura Liévin.

Bryozoaires. — *Plumatella repens* L.

Insectes. — *Parnus luridus* Erichson.

Poissons. — *Cyprinopsis auratus* L.

Batraciens, — *Rana esculenta* L.

ILE DE TERCEIRA.

L'île de Terceira possède vers son extrémité occidentale une belle Caldeira, appelée Caldeira de Santa-Barbara ; je ne l'ai point visitée, car on m'a affirmé qu'elle ne renfermait point de lac.

Par contre, j'ai fait une longue et pénible route pour gagner de hauts plateaux, situés entre la Caldeira centrale, le Pico das Pedras et le Pico Verde au Sud, et la Lomba da Praïa à l'Ouest ; d'après les renseignements qu'on m'avait donnés, j'y devais rencontrer un Lagoa, appelé Lagoa do Ginjal. Depuis l'endroit où nous avions quitté la voiture, nous fîmes plus d'une heure de marche parmi des landes désertes, hérissées de rochers, obligés de franchir à chaque instant des murs croulants de lave et dégringolant à travers les ronces et les bruyères ; nous finîmes par arriver à une espèce d'abreuvoir boueux, situé par 390 mètres d'altitude environ, dont les eaux croupies, troublées par les bœufs et les porcs, ne renfermaient que des Infusoires et le *Cypridopsis vidua* O. F. Müller, espèce communément répandue dans les auges des fontaines à San-Miguel, et que j'ai retrouvée, dans les mêmes conditions, à S. Jorge et à Terceira même.

ILE DE FAYAL.

La Caldeira de Fayal est située au centre de l'île ; sa projection sur la carte a la forme d'un cercle presque régulier, d'environ 2 kilomètres de diamètre, soit approximativement 6^k 300 de circonférence : dimensions déjà fort respectables, mais notablement inférieures à celles que nous avons signalées à Sete-Cidades, où le diamètre mesurait un peu plus de 5 kilomètres et la circonférence 15^k 5. La crête qui couronne les flancs du cratère court à une altitude moyenne d'un millier de mètres ; son point culminant est à l'Ouest. par 1022 mètres d'altitude, d'après Hartung (1) ; au Sud-Est, du côté de Flamengos, par où j'ai fait l'ascension, la cime est moins élevée et ne dépasse pas 920 mètres, d'après mes observations barométriques, 890 d'après celles de Chaves.

Située dans une région déserte et sauvage, la Caldeira de Fayal est d'un accès beaucoup plus difficile que celle de Sete-Cidades ; les pentes en sont très raides à l'extérieur, presque taillées à pic à l'intérieur. Je n'oublierai jamais, pour ma part, les conditions particulièrement pénibles dans lesquelles j'ai accompli cette dure excursion. Le temps était mauvais, l'atmosphère était tellement surchargée de vapeur d'eau, qu'à partir de 500 mètres d'altitude nous entrions dans d'épais nuages qui rendaient la marche plus difficile encore au milieu de ces coteaux abrupts. Arrivés à la cime du cratère. nous ne vîmes devant nous qu'un gouffre énorme, béant et insondable, où le vent brassait

(1) HARTUNG : *loc. cit.*, pl. XVI, fig. 4.

furieusement les nuages. qui nous imbibaient. en passant.
de leur pénétrante humidité. Notre guide, redoutant de
perdre son chemin au milieu du brouillard opaque qui
nous enveloppait, se refusait obstinément à descendre dans
la Caldeira. Je ne pus le décider qu'en lui suggérant l'idée
de placer tous les trente ou quarante mètres une baguette
ornée d'un morceau de papier, qui nous permettrait
de retrouver notre route aussi aisément que le faisait le
Petit-Poucet des contes de fées à l'aide de ses cailloux
blancs. Ainsi fut fait, et nous commençâmes alors à nous
laisser glisser au milieu des rocs, des arbrisseaux, des
ravins et des fondrières, sur une pente effroyablement raide,
pataugeant dans les Sphaignes gonflés d'eau, qui donnaient
naissance de toutes parts à de nombreux ruisselets (1). Les
papiers indicateurs étaient scrupuleusement placés en
évidence, et, au bout d'une heure et quart de cette dégrin-
golade vers un but invisible, nous avions la satisfaction de
toucher le fond de la Caldeira. A ce moment même, il était
une heure après-midi, le soleil parvint à percer les nues et,
en peu de temps, le brouillard se dissipa complètement.
Nous pûmes alors nous rendre compte de la disposition des
lieux. Vers la partie Nord-Est s'élève un petit cratère
secondaire, qu'on voit très bien figuré sur la carte de Vidal ;
le lac, toutefois, ne paraît plus avoir les mêmes contours,
ni la même position qu'au moment où l'officier anglais en
leva le croquis ; il est moins étendu en surface, tout en s'avan-
çant davantage vers l'Ouest. A l'heure présente, ce Lagoa
n'est plus qu'un marais à moitié desséché, bien qu'il reçoive
constamment les eaux de trois ou quatre torrents assez
importants qui, d'après l'inspection de leur lit. semblent
couler été et hiver. Les variations de niveau doivent être

---

(1) J'ai retrouvé en abondance, dans ces ruisselets, l'intéressante Hydrachnide,
décrite par Kœnike sous le nom de *Sperchon brevirostris*, et dont j'ai signalé
plus haut la présence à S. Miguel ; elle est d'ailleurs également répandue dans les
torrents de Terceira, ceux du moins que j'ai explorés : l'eau de ces torrents est
toujours froide (14° à 14°5).

considérables. car une grande partie de la cuvette est tapissée
d'une herbe line. drue et serrée, comme il en pousse dans
les marais détrempés que l'eau abandonne par instants pour
y revenir lors des crues. La moitié de la nappe liquide
actuelle recouvre ainsi un fond herbacé sur une hauteur
de 20 à 40 centimètres à peine ; l'autre moitié. dont la
profondeur ne dépasse guère un mètre. est au contraire
tapissée d'une épaisse couche de Potamots.

Altitude. — D'après mes relevés barométriques, le fond
de la Caldeira de Fayal, au bord du Lagoa, est à 592 mètres
au-dessus du niveau de la mer ; Chaves, dont les observations
sont certainement plus rigoureusement exactes que les
miennes. arrive au chiffre de 557 mètres. Ces cotes diffèrent
assez notablement de celles de M. Fouqué (données probablement d'après la planche XVI, fig. 6, d'Hartung) : voici
en effet ce que dit le savant géologue : « le point culminant
de la Caldeira est à une altitude de 1022 mètres, et le fond
se trouve à 400 mètres au-dessous (1) »

Dimensions. — Il est impossible d'assigner quelque
dimension, même approximative, à ce marécage superficiel
qui doit varier pour ainsi dire d'une semaine à l'autre.

Profondeur. — J'ai dit plus haut qu'à l'époque de mon
passage, le 12 septembre 1887, la nappe liquide mesurait
au plus un mètre dans sa profondeur maximale.

Température. —

| Le 12 septembre 1887 à 1 h. 1/2 du soir. | Température extérieure.......... | 18"65 |
| | » de la surface........ | 19"15 |

Faune. — La faune de ce Lagoa a été fort bien étudiée
par de Guerne (2), et nous n'avons pas grand'chose à ajouter

(1) Fouqué. *Voyages géologiques aux Açores.* Revue des Deux Mondes,
1er Février 1873, p. 639.

(2) De Guerne. *Excursions zoologiques*, etc.. p. 33 et suiv.

au tableau qu'il en a soigneusement tracé. Je signalerai seulement l'abondance, sous les pierres submergées, de *Plumatella repens* L., qui avait échappé à mon savant collègue, ainsi que la présence, mais en beaucoup moins grande quantité, de l'*Asplanchna Imhofi* de Guerne. Pour avoir quelque chance d'augmenter cette liste, il faudrait pouvoir faire sur place des recherches microscopiques.

Protozoaires. —

Difflugia constricta Ehr. *Centropyxis aculeata* Ehr.
Nebela collaris Ehr. *Hyalosphenia* sp.
Arcella vulgaris Ehr.

Vers.

Nais elinguis O. F. Müller. *Enchytræus* sp.

Rotifères. —

Monostyla lunaris Ehr. *Asplanchna Imhofi* de Guerne

Tardigrades. — *Macrobiotus* sp.

Ostracodes — *Cypris virens* Jur.

Copépodes. —

Cyclops viridis Fischer. *Canthocamptus* sp.?

Cladocères. —

Alona costata G. O. Sars. *Chydorus sphæricus* O. F. Müller.
A. testudinaria Fischer. *Pleuroxus nanus* Baird.

Insectes. —

Agabus Godmani Crotch. *Hydroporus Guernei* Rég.

J'ai retrouvé en outre, ainsi que le signale de Guerne, de nombreuses larves de Chironomides, de Phryganides, de Dytiscides et de Pseudo-Névroptères.

Bryozoaires. — *Plumatella repens* L.

Lamellibranches. — *Pisidium Dahneyi* de Guerne.

Je n'ai pas recueilli moi-même ce Lamellibranche à Fayal, où il a été indiqué par de Guerne ; peut-être est-il identique au *P. fossarinum* Clessin, signalé à S. Miguel par Simroth (1) et que j'ai retrouvé maintes fois dans cette ile.

Poissons. — *Cyprinopsis auratus* L.

Batraciens. — *Rana esculenta* L.

---

(1) V. SIMROTH : *Zur Kenntniss der Azorenfauna*. Archiv. für Naturgeschichte, Jahrg. 54, Bd. I, p. 231, 1888.

TABLEAU DE LA FAUNE DES LAGOAS.

NOMS DES ESPÈCES.	ILE DE SAN-MIGUEL																							ILE DE FAYAL
	PARTIE OCCIDENTALE.																		PARTIE ORIENTALE.					
	Lagoa grande	Lagoa azul.	Caldeira grande.	Lagoa raza I.	Caldeira do Alferes.	Lagoa do Canario.	Lagoa do Jacro.	Lagoa do Pao-Pique.	Lagoa raza II.	Lagoas empadadas.	Lagoa do Carvão.	Lagoa do Cedro.	Lagoa do Peixe.	Caldeirão do Pico das Egoas.	Caldeirão do Lagoa raza.	Caldeirão da Vacca branca.	Lagoa do Cavallo.	Lagoa das Canno.	Lagoa das Furnas.	Lagoa do Fogo.	Lagoa do Congro.	Lagoa do S.-Braz.	Grande Caldeira.
FLAGELLATES.																							
Dinobryon sertularia Ehr.	+																						
CILIO-FLAGELLÉS.																							
Peridinium tabulatum Clap. et Lachm.	+											+											
Peridinium sp.	+	+					+			+		+										+	
Glenodinium sp.	+	+						+				+											
Ceratium hirundinella O. F. Müller.																							
RHIZOPODES.																							
Arcella vulgaris Ehr.	+	+	+	+	+	+		+				+							+			+	+
Difflugia constricta Ehr.	+	+							+														+
D. pyriformis Perty	+	+	+	+	+	+		+				+							+	+			+
D. acuminata Ehr.																							+
Trinema enchelys Ehr.	+	+						+				+											+
Euglypha alveolata Duj.	+	+		+		+		+				+											+
Nebela collaris Ehr.	+	+		+	+	+	+		+														+
Quadrula symmetrica Schulze	+	+																					+
Centropyxis aculeata Ehr.	+	+	+	+	+	+		+				+							+				+
Hyalosphenia sp.																							+
INFUSOIRES.																							
Vorticella sp. (1)	+	+											+										
Podophrya sp (1)	+	+																					

(1) Sur les Daphnies et les Cyclopes.

Stylonichia mytilus Ehr.																							
Condylostoma patens Duj.																							
COELENTÉRÉS.																							
Hydra fusca L.							+																
NÉMATODES.																							
Dorylaimus stagnalis Duj.	+	+						+			+		+										
Chetonotus sp.	+	+																					
NÉMERTIENS.																							
Prorhynchus stagnalis M. Schultze.																							
TURBELLARIÉS.																							
Mesostoma viridatum Ehr.	?	?																					
Planaria polychroa O. Schmidt		+																					
ANNÉLIDES.																							
Nais elinguis O. F. Müller	+	+										+							+				+
Naidium luteum O. Schmidt																							
Dero pulpigera Grebnicky																			+				
Enchytraeus sp																							
ROTIFÈRES.																							
Melicerta tubicolaria Hudson	+	+																					
Cephalosiphon limnias Ehr.	+	+																					
Philodina roseola Ehr.	+	+																					
Rotifer sp.	+	+																					
Actinurus neptunius Ehr.													+										
Callidina sp.													+										
Asplanchna Imhofi de Guerne	+	+											+						+				+
Furcularia sp.	+	+											+										
Salpina mucronata Ehr.													+										
Euchlanis deflexa Gosse									+				+										
Monostyla lunaris Ehr.					+								+										+
Pterodina patina Ehr.	+	+				+							+			+					+		
Brachionus pala Ehr.	+	+											+						+				
Br. amphiceros Ehr.													+										
Anurea aculeata Ehr.													+										
— — var. *brevispina* Gosse													+										
Pedalion mirum Hudson	?	?																					

| | ILE DE SAN-MIGUEL. | | | | | | | | | | | | | | | | | | | | | | | ILE DE FAYAL. |
| | PARTIE OCCIDENTALE | | | | | | | | | | | | | | | | | | PARTIE ORIENTALE. | | | | |
NOMS DES ESPÈCES.	Lagoa grande.	Lagoa azul.	Caldeira grande.	Lagoa raza I.	Caldeira do Alferes.	Lagoa do Canario.	Lagoa do Junco.	Lagoa do Peu-Pique.	Lagoa raza II.	Lagoas empoladas.	Lagoa do Carvão.	Lagoa do Cedro.	Lagoa do Peixe.	Caldeiras do Pico da Vigoas.	Caldeiras do Lagoa raza.	Caldeirão da Vacca brava.	Lagoa do Cavallo.	Lagoa das Canos.	Lagoa das Furnas.	Lagoa do Fogo.	Lagoa do Congro.	Lagoa do S.-Braz.	Grande Caldeira.
TARDIGRADES.																							
Macrobiotus sp.	+	+										+			+			+	+			+	+
HYDRACHNIDES.																							
Arrenurus emarginatus O. F. Müller.						+																	
OSTRACODES.																							
Cypridopsis villosa Jurine				+		+					+	+											
Cypris vitrea Fischer				+		+					+												
C. obliqua Brady												+											
C. elegans Moniez												+											
C. virens Jurine																						+	
COPÉPODES.																							
Cyclops viridis Fischer	+	+	+	+	+	+		+	+	+		+	+	+	+		+		+	+	+	+	
C. agilis Koch							+																
C. diaphanus Fischer							+					+											
C. fimbriatus Fischer												+		+	+								
Canthocamptus horridus Fischer																							
C. sp.	+	+																					
Argulus foliaceus L.																							
CLADOCÈRES.																							
Daphnella brachyura Liévin	+	+	+	+	+	+		+													+		
Leptodora hyalina Lillj.	?	?																					
Daphnia pennata O. F. Müller					+	+		+											+	+	+		
Simocephalus exspinosus Koch	+	+																+					
Streblocerus serricaudatus Fischer					+	+		+									+						
Acroperus angustatus Sars																							
Alona tenuicaudaria Fischer	+	+	+	+	+	+	+	+	+		+	+	+	+	+		+	+				+	+
A. tuberculata Kurz				+	+	+	+	+			+	+	+	+	+		+					+	
A. costata Sars			+	+		+	+															+	
A. affinis Leydig													+									+	
Pleuroxus nanus Baird	+		+	+		+							+	+				+				+	
Chydorus sphaericus O. F. Müller	+	+	+	+	+	+	+	+	+		+	+	+	+	+	+	+		+	+	+	+	
BRANCHIOPODES.																							
Estheria sp.	+	+																					
HÉMIPTÈRES.																							
Corixa atomaria Illiger					+		+	+						+									
Notonecta glauca L.								+															
COLÉOPTÈRES.																							
Pacans luridus Erichson	+	+										+										+	
Cybister atlanticus Régimbart						+						+	+	+									
Agabus Godmani Crotch							+																+
Hydroporus Guernei Régimbart							+																+
BRYOZOAIRES.																							
Plumatella repens L.	+	+	+																+	+	+	+	+
MOLLUSQUES.																							
Hydrobia ctenozensis de Guerne	?	?																				+	
Pisidium Dubreuyi de Guerne																						+	
POISSONS.																							
Cyprinopsis auratus L.	+	+	+		+													+					
Cyprinus carpio L.	+	+																+					
C. rex cyprinorum Bloch	+	+																					
Anguilla vulgaris Turt.	+	+																					
Salmo fario L.																							
S. stomachicus Günther																							
S. lacustris L.																							
Leuciscus macrolepidotus Steind	+	+																					
BATRACIENS.																							
Rana esculenta L. var. *Peezii* Seoane	+	+	+	+	+	+	+	+				+	+	+	+		+	+	+	+	+		+

DEUXIÈME PARTIE

FAUNE DES CHARCOS, TANQUES ET FONTAINES

Mon intention est de consacrer ce chapitre — qui sera beaucoup plus court que le précédent — à l'étude des eaux stagnantes autres que les Lagoas dont nous venons de parler longuement.

Les mares ou les étangs naturels sont extrèmement rares aux Açores : je n'ai pas souvenance d'en avoir rencontré. Par contre, on trouve assez fréquemment, principalement dans la région des pâturages, des sortes de mares artificielles, creusées de main d'homme de façon à recevoir les eaux du ciel et à permettre au bétail de se désaltérer.

Lorsque cet abreuvoir est tout simplement ouvert à même dans le sol, on l'appelle un *Charco*, ou encore un *Charquinho*, s'il est de très petite dimension. Ce terme est généralement appliqué dans tout l'archipel, pourtant ; à Fayal et à Santa-Maria, on désigne ces mares sous le nom de *Poços* ; à S. Miguel où cette dénomination est aussi employée, les Poços sont plus particulièrement des excavations cylindriques, creusées d'habitude très près de la côte, et toujours sujettes, par conséquent, à des infiltrations qui en rendent l'eau plus ou moins saumâtre.

Dans d'autres cas, on revêt de ciment les parois de l'excavation où sont recueillies soit les eaux de pluie, soit les eaux d'une source voisine, et ce bassin s'appelle alors un *Tanque*.

Ces dénominations sont rigoureusement appliquées par le peuple, et Chaves m'a assuré qu'à S. Miguel il n'y a que trois charcos qui soient qualifiés de tanques, ce sont les

Tanques da Canada da Cidade (près des Fanaes), *do Betten-court et da Rocha quebrada.*

Si enfin les eaux de pluie s'amassent dans quelque dépression naturelle, sans aucune intervention de l'homme, on a une *Poça*, un *Lagoeiro*, un *Lagoa*, suivant l'importance de la nappe liquide : les deux premières dénominations doivent être bien rarement employées, et je n'en connais point d'exemple.

Tous ces Charcos, ces Poços, ces Tanques sont généralement de dimensions restreintes, comme on le pense bien ; l'eau en est la plupart du temps boueuse et troublée par le piétinement des bestiaux ; souvent aussi elle a une teinte verdâtre due à l'abondance des algues inférieures et parfois des Euglènes (*Charco da Madeira, Charquinho da Calçada,* à S. Miguel).

La plupart de ces bassins sont situés à des altitudes moyennes ; quelques-uns pourtant dépassent 400 mètres (*Charco près du Lagoa do Congro, Charco do Cerrado dos Bezerros,* à S. Miguel), et même 900 mètres (*Charco dos Graminhaes* = 955 m., à S. Miguel).

La température de ces eaux est fort variable, et suit à quelques degrés près — soit en plus, soit en moins — les fluctuations du thermomètre à l'air libre. Les chiffres les plus bas observés sont les suivants :

DATE.	NOM.	Altitude	Température à l'ombre.	Température de l'eau.
Déc. 1887...	Tanque da Rocha Quebrada	220ᵐ	14°	12°
Mars 1888..	Tanques divers à Furnas.........	210 à 230	13°	13° 5
Févr. 1888..	Nascente dos Amaraes	160	11°	10°
Févr. 1888..	Abreuvoir de la fontaine du Porto-Formoso....................	80	12°	10°
Févr. 1888..	Abreuvoir de la fontaine da Ribe-rinha.................	70	11° 5	11°

Les chiffres les plus élevés ont été :

DATE.	NOM.	Altitude	Température à l'ombre.	Température de l'eau.
28 août 1887.	Tanque do Bettencourt..........	»	25° 5	26°
20 août 1887.	Charco da Madeira..............	»	22° 1	24° 5
30 août 1887.	Charquinho da Calçada	»	22° 15	24° 66

Le faune de ces Charcos, Poços et Tanques est principalement caractérisée par l'abondance relative des Ostracodes, particulièrement du *Cypridopsis villosa* à S. Miguel et du *Cypris bispinosa* à Santa-Maria, par la présence de Sangsues (*Limnatis nilotica* Sav., *Dina Blaisei* R. Bl. (1), par la fréquence de certaines espèces, telles que : *Cyclops agilis* Koch, *C. diaphanus* Fischer, *C. fimbriatus* Fischer, *Diaptomus serricornis* Lillj. (à Santa-Maria seulement), *Leydigia acanthocercoides* Fischer, et aussi *Daphnia pennata* O. F. Müller, beaucoup plus communes que dans les Lagoas. Par contre, il faut noter l'absence ou la rareté de certaines formes très répandues dans la plupart des lacs : *Alona testudinaria* Fischer, *Daphnella brachyura* Liévin. *Pleuroxus nanus* Baird, *Cyclops viridis* Fischer, etc....

Je pense qu'on peut aussi considérer comme des eaux stagnantes celles qui remplissent les auges des fontaines ; elles sont plus limpides, plus fraîches que les autres, ne dépassant généralement pas 18° à 20° même en été (2), mais leur faune est sensiblement la même : notons seulement qu'on y rencontre assez fréquemment *Physa acuta* Drap., et *Pisidium fossarinum* Clessin, à S. Miguel tout au moins.

---

(1) Cette espèce toutefois se plaît plus particulièrement dans les auges des fontaines ou encore sous les pierres de certains torrents.

(2) La température prise dans le jet même de la source varie, en été, entre 13° à 15°, d'après les observations que j'ai relevées.

Au cours d'un assez long séjour qu'il a fait dans l'île de Santa-Maria, Chaves a relevé avec soin les noms des Ribeiras et des Poços qu'il a exposés, et il en a indiqué, sur la carte ci-dessous (Fig. 4), la position approximative. C'est un document très intéressant au point de vue géographique, car la carte de Vidal est fort rudimentaire.

FIG. 4. — Carte de l'île de Santa-Maria, d'après Vidal (échelle de la carte anglaise).

Les chiffres arabes se rapportent aux Poços et aux fontaines :

1 Poço de S. Antão (R S).
2 Poço de José de Medeiros (R S).
3 Poço dos Fornos (P).
4 Fontaine de S. Antão (P).
5 Poço do Coelho (P).
6 Poço da Ribeira secca (R S).
7 Poço da Ponta da Samusca (S).
8 Poço de Ignacio Lopès (S).
9 Poço da Pedreira às Torrès (P).
10 Poço do Marvão N° 1 (R S).
11 Poço do Marvão N° 2 (R S).
12 Poço da Châ (R S).
13 Poço da Macella N° 1 (R S).
14 Poço da Macella N° 2 (P).
15 Fonte dos Cães (P).
16 Poço das Fontinhas (P).
17 Fonte da Paz (P).
18 Fontaine do Jordão (P).
19 Fontaine de S. Antonio (P).
20 Réservoir des Moulins da Fontinha (P).
21 Fontaine de I. Lourenço (P).
22 Fontaine de Santa Barbara (P).
23 Abreuvoir de Ribeirinha dos Lagos (P).
24 Poço da Terra da Freira (R S).
25 Poço da Ribeira das Bannaneiras (P).
26 Abreuvoir da Fonte-Grande (P).
27 Poço do Outeiro do Paul (R S).
28 Fonte das Pedras de S. Pedro (P).
29 Poço do Rocio (S).
30 Fonte de S. José (P).
31 Fonte do Mourato (P).
32 Poço da Pedreira do Pico do Romeiro (P).
33 Poço da Ribeira do Aveiro (P).

Les chiffres romains s'appliquent aux torrents :

I Ribeira do Sancho (S).
II Ribeira Secca (S).
III Ribeira Grande (P).
IV Ribeira de Santa-Anna (P).
V Ribeira dos Anjos (P).
VI Ribeira da Praia (P).
VII Ribeira do Salto (P).

VIII Ribeira dos Lagos (Norte) (P).
IX Ribeira das Bannaneiras (P).
X Ribeira de Agua d'Alto (P).
XI Ribeira dos Lagos (Sul) (P).
XII Ribeira do Magalhães (R S).
XIII Ribeira do Aveiro (P).

Signes conventionnels :

(P) N'asséchant jamais ;
(R S) Asséchant rarement;
(S) Asséchant en été.

Il serait fastidieux de donner ici l'énumération successive des espèces recueillies dans chacune des localités que nous avons explorées ou dont Chaves m'a envoyé des pêches ; il m'a paru plus simple de dresser une liste générale de ces espèces et d'indiquer, pour chacune d'elles, les principales stations dans les différentes îles qui ont été visitées par Chaves et par moi : c'est à dire, S. Miguel avant tout, puis Santa-Maria, Terceira, Fayal ; je n'ai fait qu'une courte escale à S. Jorge et à Gracioza, et Pico, Florès et Corvo sont restés en dehors de mon itinéraire.

PROTOZOAIRES.

FLAGELLATES.

Euglena viridis Ehr.

Ile de S. Miguel : Charco da Madeira; Charco dos Ginetes; Charquinho da Calçada ; Tanque do Bettencourt ; Fonte da Ribeirinha ; Fonte da Ribeira Secca ; Fonte das Cazas telhadas.

Euglena spirogyra Ehr.

Ile de S. Miguel : Fonte da Ribeira ; Fonte da Ribeira Secca ; Fonte das Casas telhadas.

Phacus longicaudatus Duj.

Ile de S. Miguel : Quatre exemplaires seulement dans la vase du Tanque da Rocha Quebrada.

CILIO-FLAGELLÉS.

Glenodinium sp.

Ile de S. Miguel : Charco dos Graminhaes.

RHIZOPODES.

Arcella vulgaris Ehr.

Ile de S. Miguel : Charco novo do Pico da Pedra ; Charco da Madeira ; Charco dos Graminhaes ; Tanque do visconde da Praïa, à Furnas ;
Ile de Santa-Maria : Poço da Pedreira ás Torres ; Poço do Marvão ; Poço da Macella ; Fonte dos Cães.

Arcella dentata Ehr.

Ile de Santa-Maria : Poço das Fontainhas.
Je n'ai trouvé qu'un seul exemplaire de cette curieuse espèce qui est, paraît-il, beaucoup plus rare que l'*Arcella vulgaris*; l'échantillon que j'ai examiné était absolument semblable à celui que Leidy a représenté dans la figure 12 de sa planche XXX (1).

Difflugia acuminata Ehr.

Ile de S. Miguel : Tanque do visconde da Praïa et Tanque do Dr Caetano d'Andrade, à Furnas.
En dehors de ces deux stations, je n'ai rencontré que dans le Lagoa das Furnas ladite espèce, qui parait tout à fait localisée à cette région.

---

(1) LEIDY : *Fresh-water Rhizopods of North America*, p. 177, pl. XXX, fig. 10 à 19, 1879.

Difflugia pyriformis Perty.

Ile de S. Miguel : Tanque do visconde da Praïa, à Furnas;
Charco dos Graminhaes ; Fonte da Rocha da Relva.
Ile de Santa-Maria : Fonte dos Cães.
Cette espèce est en outre, nous l'avons vu, très répandue
dans la vase des Lagoas.

Centropyxis aculeata Ehr.

Ile de S. Miguel : Charco da Madeira ; Charco dos Graminhaes.
Ile de Santa-Maria : Poço do Marvão, Poço da Macella ;
Poço do José de Medeiros; Poço dos Fornos ; Fonte dos
Cães ; Fonte do Jordão.
Cette espèce est si répandue dans tous les Lagoas (nous
l'avons retrouvée jusque dans la Caldeira de Fayal), sa
structure est si favorable à la dissémination, que son aire
de dispersion doit être plus considérable que nous ne
l'indiquons : c'est ce que démontreraient sans doute des
recherches plus suivies.
On rencontre assez fréquemment la variété lisse (*Centropyxis ecornis* Ehr.), déjà signalée par de Guerne aux environs
de Ponta-Delgada (1).

Quadrula symmetrica Schultze.

Ile de Santa-Maria : Fonte dos Cães.
Avec le Lagoa de S. Braz (S. Miguel), c'est la seule
localité où j'ai rencontré ce joli Rhizopode.

Euglypha alveolata Duj.

Ile de S. Miguel : Fonte da Ribeirinha.
Très commune dans presque tous les Lagoas de S. Miguel.

---

(1) DE GUERNE: *Excursions zoologiques*, etc. — p. 32.

HYDRAIRES.

Hydra fusca L.

Ile de S. Miguel : Tanque do Dr Caetano d'Andrade, à Furnas.

Ile de Santa-Maria : Poço da Macella ; Poço dos Fornos ; Poço de S. Antão.

VERS.

TURBELLARIÉS.

Planaria polychroa O. Schmidt.

Ile de S. Miguel : Fonte da Serra Gorda ; Fonte da Villa-Franca ; Source dans le parc du Dr Caetano d'Andrade, à Furnas ; Fonte entre Furnas et Povoação.

Il est relativement rare de trouver cette espèce sous les pierres des auges des fontaines : elle préfère les eaux fraîches et courantes et nous verrons qu'elle est communément répandue dans les torrents.

Planaria (?) sp.

J'ai trouvé en abondance, dans les eaux du Charquinho da Calçada, à S.-Miguel, un petit Turbellarié d'un blanc rosé, qu'il m'a été malheureusement impossible de conserver.

NÉMATODES.

Dorylaimus stagnalis Duj.

Ile de S. Miguel : Fonte da Rocha da Relva.

Ile de Santa-Maria : Fonte dos Caës ; Poço de Ignacio Lopès ; Poço dos Fornos.

C'est la même espèce que celle que nous avons si fréquemment signalée dans les Lagoas.

Dans plusieurs poços de Sta-Maria, j'ai rencontré une

seconde espèce, à queue conique ; le Docteur J. G. de Man, auquel je l'ai soumise, n'a pu la rattacher à aucune forme connue, et la croit nouvelle.

Hirudinées.

Limnatis nilotica Sav.

Ile de S. Miguel : Charco da Madeira ; Charquinho da Calçada.

Il est bien probable que cette espèce, *que je n'ai retrouvée dans aucune des autres îles*, a été introduite artificiellement aux Açores. Voici, en effet, ce qu'a raconté à Chaves un vieux *Bicheiro* (poseur de Sangsues) de S. Miguel. De 1832 à 1834, le Dr Joaquim Leite da Gama, alors qu'il était *mordomo* (directeur) de l'hôpital de Ponta-Delgada, fit jeter dans quelques charcos de l'île de S. Miguel des Sangsues médicinales qu'il avait fait venir de Portugal dans des caisses. Or, le *Bicheiro* se souvient très bien que, parmi ces Sangsues, il y en avait certaines qui ne voulaient point s'attacher à la peau et étaient incapables de sucer le sang. C'étaient, suivant toute vraisemblance, des *Limnatis nilotica*, espèce très répandue en Portugal, ainsi qu'en Espagne et même aux Canaries (1). Les Sangsues médicinales ne se sont sans doute point acclimatées, car je n'en ai pas retrouvé ; les *Limnatis* auront rencontré des conditions d'existence favorables et se seront reproduites. Que d'espèces portugaises (Copépodes, Ostracodes, Cladocères, etc.), ont pu être ainsi importées !

Dina Blaisei R. Blanchard.

Ile de S. Miguel : Fonte da Rocha da Relva ; Fonte das Cazas telhadas.

---

(1) R. Blanchard : *Voyage du Dr Théod. Barrois aux Açores.* Rev. biol. du Nord de la France, Octobre 1893.

Ile de Santa-Maria : Fonte de S.-Antonio da Villa do Porto ; Poço da Chä.

Ile de Terceira : Fonte de S.-Luiz ; Fonte au pied de la grande Caldeira.

Ile de Fayal : Fonte dos Flamengos.

Cette espèce, comme on le voit, habite de préférence les eaux plus fraîches des fontaines ; elle se plaît également sous les pierres des torrents.

On la retrouve à Madère.

ANNÉLIDES.

Nais elinguis O. F. Müller.

Ile de S. Miguel : Tanque do Dr Caetano d'Andrade, à Furnas.

Ile de Fayal : Poço do Lameiro grande.

Naidium luteum O. Schmidt.

Ile de S. Miguel : Furnas, dans des flaques tièdes (20° à 27° c.) aux environs des Caldeiras.

Dero palpigera Grebnicky.

Ile de S. Miguel : Furnas, avec l'espèce précédente.
Ile de Santa-Maria : Fonte dos Cães.

ROTIFÈRES.

Limnias ceratophylli Ehr.

Ile de Santa-Maria : Poço do Marvão ; Poço do José de Medeiros.

Rotifer sp.

Ile de Santa-Maria : Poço da Macella.

Actinurus Neptunius Ehr.

Ile de S. Miguel : Charquinho da Calçada.
Ile de Santa-Maria : Fonte dos Cães.

Asplanchna Imhofi de Guerne (1).

Ile de S. Miguel : Charco novo do Pico da Pedra ; Charco do Cerrado dos Bezerros ; Fonte da Serra-Gorda ; Fonte Entre-Paredes.

Ile de Fayal : Poço do Fungão ; Poço do Lameiro grande.

Triarthra longiseta Ehr.

Ile de S. Miguel : Charco da Madeira ; Charquinho da Calçada ; Tanque da Rocha Quebrada ; Fonte da Rocha da Relva.

Ile de Santa-Maria : Poçodo José de Medeiros.

Ile de Fayal : Poço do Fungão ; Poço do Lameiro grande.

Euchlanis deflexa Gosse.

Ile de Santa-Maria : Poço da Macella.

Euchlanis macroura Ehr.

Ile de Santa-Maria : Poço da Macella. Plusieurs échantillons, assez mal conservés, que je rapporte avec quelque doute à cette espèce.

Euchlanis sp.

Ile de S. Miguel : Fonte das Cazas telhadas.

Ile de Santa-Maria : Poço dos Fornos.

Les échantillons n'étaient pas en assez bon état de conservation pour que je puisse les déterminer.

Pterodina patina Ehr.

Ile de S. Miguel : Charco da Madeira.

Ile de Santa-Maria : Poço da Macella.

Monostyla lunaris Ehr.

Ile de S. Miguel : Tanque do Dr Caetano d'Andrade, a Furnas.

---

(1) J'ai déjà dit plus haut (p. 50) que von Daday prétend assimiler cette espèce à l'*Asplanchna Sieboldi* Leydig.

Brachionus amphiceros Ehr.

Ile de S. Miguel : Charco novo do Pico da Pedra ; Charquinho da Calçada ; Fonte Entre-Paredes.

Brachionus pala Ehr.

Ile de S. Miguel : Charco novo do Pico da Pedra ; Char-
quinho da Calçada ; Tanque do visconde da Praïa, à Furnas ;
Fonte da Serra-Gorda ; Fonte da Ribeirinha.
Ile de Fayal : Poço do Lameiro grande.

Brachionus rubens Ehr.

Ile de S. Miguel : Tanque da Rocha Quebrada ; Fonte de
Nascente dos Amaraes.
Ile de Santa-Maria : Poço do Marvào ; Poço da Chà ;
Poço do José de Medeiros ; Poço do Coelho ; Poço da Ribeira
secca ; Poço da Pedreira ás Torres ; Poço do Marvào ; Poço
da Macella.
Ile de Fayal : Poço do Fungão.

Brachionus Chavesi nov. sp.

Ile de Fayal : Poço da Moça ; Poço do Lameiro grande.

Cette nouvelle espèce, assez commune dans le Lameiro
grande et le Poço da Moça,
à Fayal, et que je n'ai retrouvée nulle part ailleurs,
est tout à fait remarquable

FIG. 5.

FIG. 6

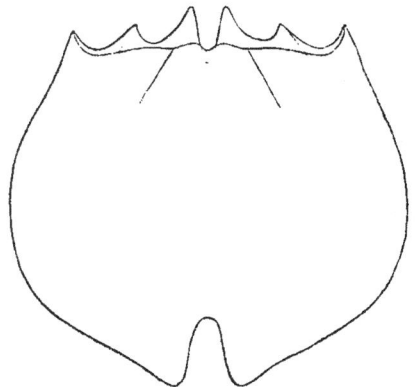

FIGURES 5 et 6: *Brachionus Chavesi* nov. sp. — Carapace vue par la face dorsale (Fig 5 et par
la face ventrale (Fig. 6). Grossiss. = 245.

par sa largeur qui, sur l'animal vu de dos, est sensiblement égale à la longueur.

La carapace, complètement lisse, est tronquée en avant, arrondie en arrière. Les épines occipitales, au nombre de six, sont petites, larges à la base, les moyennes étant les moins développées (fig 5). Le bord pectoral est creusé d'une faible encoche en son milieu et forme, de chaque côté, deux lobes vagues, dont l'externe est à peine marqué (fig. 6).

Le pied m'a paru relativement court, mais je dois dire qu'il était contracté sur les individus que j'ai examinés et que je n'ai pu me faire une idée bien nette ni de sa structure ni de ses dimensions exactes

Les plus beaux exemplaires de *Br. Chavesi* mesuraient 206 μ de longueur sur 200 μ de largeur ; les œufs, ovoïdes, atteignaient 113 μ sur 77 μ.

La grande largeur de ce Brachion par rapport à sa longueur le rapproche du *Br. latissimus*, observé par Schmarda en Egypte, mais cette dernière espéce se distingue de la nôtre :

1° Par la forme générale de la carapace ;

2° Par les tubercules qui ornent cette carapace ;

3° Par la taille : l'espèce de Schmarda atteignent 1/50 de pouce, soit 508 μ, soit deux fois et demi la longueur de la nôtre.

Je me fais un plaisir de dédier cette espèce à mon excellent ami Chaves, comme un faible témoignage d'affectueuse reconnaissance.

ARTHROPODES.

TARDIGRADES.

Macrobiotus sp.

Ile de S. Miguel : Tanque do visconde da Praïa, à Furnas ; Fonte da Ribeirinha.

CRUSTACÉS OSTRACODES.

Cypris virens Jur.

Ile de S. Miguel : Charco dos Ginetes ; Charco dos Mosteiros ; Tanque da Quinta da Bella-Vista ; Fonte dos Rivaes ; Fonte da Villa-franca.

Ile de Terceira : Fonte de S. Luiz ; Fonte au pied de la Caldeira Grande.

Ile de S.-Jorge : Fonte da Villa das Vellas.

Ile de Gracioza : Fonte de Santa-Cruz.

Cypris obliqua Brady.

Ile de S. Miguel : Petits charcos dans la vallée das Furnas.

Cypris Moniezi de Guerne.

Ile de S. Miguel : Charquinho dos Beiraes ; Tanque da Rocha-Quebrada : Fonte dos Ginetes ; Fonte do Botelho.

De Guerne a décrit cette espèce d'après des échantillons trouvés à Ponta-Delgada , dans un bassin des jardins du visconde das Laranjeiras (1).

Cypris tessellata Fischer.

Ile de S. Miguel : Charco dos Ginetes ; Fontaine do Carvão.

Ile de Gracioza : Fonte de Santa-Cruz.

Cypris trigonella Brady.

Ile de S. Miguel : Fonte da Rocha da Relva ; Fonte dos Rivaes.

Ile de Fayal : Fonte dos Flamengos.

Cypris ovum Jurine.

Ile de S. Miguel : Fonte dos Mosteiros.

Un seul individu, rapporté avec doute à cette espèce par le Professeur Moniez.

---

(1) DE GUERNE : *Excursions zoologiques*, etc., p. 49.

Cypris elegans Moniez.

Ile de S. Miguel : Tanques de la vallée das Furnas.

Cypris nitens Fischer.

Ile de S. Miguel : Charco da Madeira ; Charco dos Ginetes ; Charco près du Lagoa do Congro ; Tanque do Dr Caetano d'Andrade, près das Furnas ; Fonte da Serra-Gorda ; Fonte dos Mosteiros ; Fonte do Lameiro (près Ribeirinha) ; Fonte Entre-Paredes ; Fonte dos Ginetes ; Fonte dos Rivaes ; Fonte do Porto-Formoso ; Fonte da Ribeira-Secca ; Fonte da Fazenda.
Ile de Santa-Maria : Poço dos Fornos.
Ile de Gracioza : Fonte de Santa-Cruz.
Ile de Terceira : Fonte de S. Luiz.
Ile de S. Jorge : Fonte da Villa das Vellas.
Ile de Fayal : Fonte dos Flamengos.

Cypris incongruens Ramdohr.

Ile de S. Miguel : Charco dos Ginetes ; Fonte dos Mosteires ; Fonte dos Rivaes.
Ile de Terceira : Fonte de S. Luiz.

Cypris bispinosa Lucas.

Ile de Santa-Maria : Poço da Pedreira ás Torrés ; Poço do Marvão ; Poço da Macella ; Poço do José de Medeiros ; Poço dos Fornos.
Cette belle et grande espèce paraît limitée à la seule île de Santa-Maria, car je ne l'ai retrouvée nulle part ailleurs, bien que, comme on peut le voir, mes recherches aient été fort nombreuses.

Cypridopsis villosa Jurine.

Ile de S. Miguel : Charco novo do Pico da Pedra ; Charco dos Ginetes ; Charquinho dos Beiraes ; Charquinho da Calçada ; Tanque do visconde da Praïa, à Furnas ; Tanque do Dr Caetano d'Andrade, près das Furnas ; Tanque da Canada

da Cidade ; Tanque da Rocha Quebrada ; Tanque do Betten-
court ; Cisterna da Abelheira ; Fonte dos Mosteiros ; Fonte
do Campo dos Porcos, à Ponta-Delgada ; Fonte do Carvão ;
Fonte da Rua do Castilho , à Ponta-Delgada ; Fonte dos
Ginetes ; Fonte dos Rivaes ; Fonte da Rocha da Relva ;
Fonte do Porto-Formoso ; Fonte da Ribeirinha ; Fonte do
Botelho ; Fonte du Nordeste.

Ile de Santa-Maria : Poço do Ignacio Lopès.

Ile de Terceira : Fonte de S. Luiz ; Fonte au pied de la
Caldeira Grande.

Ile de Fayal : Fonte dos Flamengos.

Cypridopsis vidua O. F. Müller.

Ile de S. Miguel : Charco dos Ginetes ; Fonte da Serra-
Gorda ; Fonte dos Mosteiros ; Fonte Entre-Paredes ; Fonte
dos Rivaes ; Fonte da Rocha da Relva ; Fonte da Ribeirinha;
Fonte da Ribeira-Secca ; Fonte da Fazenda.

Ile de Terceira : Fonte de S. Luiz ; Fonte au pied de la
Caldeira Grande.

Ile de S. Jorge : Fonte da Villa das Vellas.

Cypridopsis Chavesi Moniez.

Ile de S. Miguel : Charco novo do Pico da Pedra :
Charco dos Ginetes ; Tanque da Rocha-Quebrada ; Fonte dos
Mosteiros ; Fonte do Campo dos Porcos, à Ponta-Delgada.

Ile de S. Jorge : Fonte da Villa das Vellas.

CRUSTACÉS COPÉPODES.

Cyclops viridis Fischer.

Ile de S. Miguel : Charco près du Lagoa do Congro ;
Charco dos Graminhaes ; Tanque do Bettencourt ; Tanque
do Dʳ Caetano d'Andrade, près das Furnas ; Flaque au pied
du Pico da Viuva (Sud-Est de Sete-Cidades).

Ile de Santa-Maria : Poço da Pedreira ás Torrés ; Poço
do Marvão; Poço da Chã ; Poço da Macella ; Poço José de

Medeiros; Poço dos Fornos; Fonte dos Cães; Fonte do Jordão.

Cyclops agilis Koch.

Ile de S. Miguel: Tanque do Bettencourt; Fonte da Rua do Castilho, à Ponta-Delgada; Fonte dos Rivaes; Fonte das Cazas telhadas; Fonte da Ermida da Covoada.

Ile de Santa-Maria: Poço da Macella; Fonte dos Cães; Fonte de S.-Antonio da Villa do Porto.

Ile de Gracioza: Fonte de Santa-Cruz.

Ile de Terceira: Fonte de S. Luiz.

Ile de S. Jorge: Fonte da Villa das Villas.

Ile de Fayal: Poço do Lameiro grande; Poço das Azas; Poço do Fungão; Fonte dos Flamengos.

Cyclops diaphanus Fischer.

Ile de S. Miguel: Charco novo do Pico da Pedra; Charco do Cerrado dos Bezerros; Charco da Madeira; Charco dos Ginetes; Charquinho da Calçada; Tanque do visconde da Praïa, à Furnas; Tanque da Rocha Quebrada; Cisterna da Abelheira; Fonte da Rua do Castilho, à Ponta-Delgada; Fonte da Ribeirinha.

Ile de Terceira: Fonte au pied de la Caldeira Grande.

Cyclops fimbriatus Fischer.

Ile de S. Miguel: Charco da Madeira; Charquinho da Calçada; Tanque da quinta da Bella Vista; Tanque da Estufa da Abelheira; Cisterna da Abelheira; Fonte do Campo dos Porcos, à Ponta-Delgada; Fonte da Rocha da Relva; Fonte da Ermida da Covoada.

Ile de Santa-Maria: Fonte dos Cães.

Ile de Terceira: Fonte de S. Luiz.

Ile de Fayal: Fonte dos Flamengos.

Canthocamptus horridus Fischer.

Ile de S. Miguel: Fonte da Ribeira-Secca; flaque dans la *Grotta do Inferno* (Sete-Cidades).

Ile de Santa-Maria: Fonte dos Cães.

9

Diaptomus serricornis Lillj.

Ile de Santa-Maria : Poço da Ribeira-Secca ; Poço do Ignacio Lopés ; Poço do Rocio ; Poço do Marvão ; Poço da Chã ; Poço do José de Medeiros ; Poço da Pedreira do Pico do Romeiro.

Comme le *Cypris bispinosa*, cette espèce semble absolument localisée à Santa-Maria, où elle est très abondante dans nombre de poços, ainsi qu'on vient de le voir.

CRUSTACÉS CLADOCÈRES.

Daphnia pennata O. F. Müller.

Ile de S. Miguel : Charco novo do Pico da Pedra ; Charco do Cerrado dos Bezerros ; Charco da Madeira ; Charco dos Ginetes ; Charco près du Lagoa do Congro ; Charco dos Graminhaes ; Charquinho dos Beiraes ; Tanque do visconde da Praïa, à Furnas ; Tanque da Canada da Cidade ; Tanque da Rocha Quebrada ; Tanque do Bettencourt ; Cisterna da Abelheira ; Fonte da Serra Gorda ; Fonte do Campo dos Porcos et Fonte da Rua do Castilho, à Ponta-Delgada ; Fonte Entre-Paredes ; Fonte da Ribeira-Secca ; Fonte do Botelho ; Fonte da Ermida da Covoada.

Ile de Santa-Maria : Poço da Ribeira-Secca ; Poço do Ignacio Lopés ; Poço da Pedreira ás Torrés ; Poço do Marvão ; Poço da Chã ; Poço do José de Medeiros ; Fonte de S. Antonio da Villa do Porto.

Ile de Terceira : Fonte de S. Luiz ; Fonte au pied de la Caldeira Grande.

Ile de Fayal : Poço do Lameiro grande ; Poço das Azas ; Poço das Fontainhas ; Poço do Fungão ; Poço da Moça.

Moina Azorica Moniez.

Ile de Terceira : Fonte de S. Luiz ; Fonte au pied de la Grande Caldeira.

Semble propre à l'île de Terceira.

Alona affinis Leydig.

Ile de S. Miguel : Auge du Muro do Carvão ; Fonte do Carvão.

Alona costata Sars.

Ile de S. Miguel : Fonte do Campo dos Porcos, à Ponta-Delgada ; Charco dos Graminhaes.
Ile de Santa-Maria : Poço da Pedreira ás Torrés ; Poço da Macella ;
Ile de Terceira : Fonte de S. Luiz ; Fonte au pied de la Caldeira Grande.

Alona Barroisi Moniez.

Ile de Terceira : Fonte de S. Luiz.
Un seul échantillon de cette nouvelle espèce.

Leydigia acanthocercoides Fischer.

Ile de S. Miguel : Charco novo do Pico da Pedra ; Charco dos Ginetes ; Charquinho da Calçada ; Tanque do visconde da Praïa, à Furnas ; Tanque da Quinta da Bella-Vista ; Tanque da Canada da Cidade ; Tanque da Rocha Quebrada ; Fonte do Campo dos Porcos, à Ponta-Delgada ; Fonte dos Rivaes ; Fonte da Ermida da Covoada.
Ile de Santa-Maria : Poço do Rocio ; Poço da Pedreira do Pico do Romeiro.
Ile de Fayal : Poço do Lameiro grande.

Pleuroxus nanus Baird.

Ile de S. Miguel : Charco dos Graminhaes ; Tanque da Canada da Cidade ; Fonte da Ribeirinha.
Ile de Terceira : Fonte au pied de la grande Caldeira.

Chydorus sphœricus O. F. Müller.

Ile de S. Miguel : Charco novo do Pico da Pedra ; Charco près du Lagoa do Congro ; Charco dos Graminhaes ; Charquinho dos Beiraes ; Tanque do visconde da Praïa, à Furnas ;

Cisterna da Abelheira ; Flaque au pied du Pico da Viuva;
Fonte do Campo dos Porcos, à Ponta-Delgada ; Fonte do
Carvão ; Fonte dos Rivaes ; Fonte da Ribeirinha ; Fonte
da Ribeira-Secca ; Fonte do Botelho; Fonte das Cazas
Telhadas ; Fonte da Ermida da Covoada.

Ile de Santa-Maria : Poço da Pedreira ás Torrès ; Poço
da Macella.

Ile de Fayal: Poço da Moça ; Poço das Fontainhas.

CRUSTACÉS AMPHIPODES.

Niphargus puteanus Koch.

Ile de S. Miguel: Rosto de Cão.
Ile de Fayal: Horta.

Tous les exemplaires que j'ai examinés se rapprochaient
sans exception, par la structure de leurs gnathopodes, du
type que Moniez (1) a signalé sous le nom de « *Gammarus
puteanus* à mains de forme ovale ». Peu porté à y voir une
forme nouvelle, « puisqu'on la rencontre constamment et
dans toutes les localités avec le *G. puteanus* type », notre
savant collègue a émis l'opinion qu'il s'agissait peut-être
d'une seconde forme de mâle, ce genre de dimorphisme
n'étant point rare chez les Amphipodes. Wrzésniowski (2),
au contraire, n'a point hésité à en faire une espèce nouvelle
sous le nom de *Niphargus Moniezi*. Le fait que cette
forme — peut-être un peu modifiée, comme nous allons le
voir — semble vivre aux Açores à l'exclusion de toute
autre (c'est du moins ce qui résulte de mes observations
jusqu'à ce jour) tendrait à donner raison à Wrzésniowski.

<hr>

(1) R. MONIEZ : *Faune des eaux souterraines du département du Nord et
en particulier de la ville de Lille.* Revue biologique du Nord de la France,
t. I, p. 41 et suiv. du tirage à part, 1888-1889.

(2) A. WRZÉSNIOWSKI : *Ueber drei unterirdische Amphipoden.* Biolog.
Centralblatt, Bd. X, nᵒˢ 5 et 6, p. 158, mai 1890.

Grâce à l'amabilité du professeur Moniez, qui a obligeamment mis à ma disposition toutes ses préparations, j'ai pu comparer mes spécimens avec ceux qui lui ont servi de types dans sa description, et constater les nombreux points de ressemblance qui les rapprochent : les yeux manquent totalement ; le fouet accessoire des antennes supérieures est formé de deux articles ; la main des deuxièmes grathopodes est nettement *ovale* ; les derniers uropodes ont la branche externe composée d'un seul article, la branche interne étant réduite à l'état d'une simple écaille ovale.

Mais, d'autre part, j'ai noté quelques différences : les exemplaires açoréens sont toujours notablement plus grands que ceux de Moniez ; leur dernier uropode est sensiblement plus long, l'article basilaire étant armé beaucoup plus fortement, et l'écaille qui représente la branche interne étant ornée d'une robuste épine au lieu d'être complètement inerme.

Les coupes spécifiques établies dans le genre *Niphargus* me paraissent si vagues, le polymorphisme de ces Amphipodes est si accentué, que je n'ose aujourd'hui déterminer d'une façon absolue notre espèce açoréenne : c'est une question sur laquelle je me réserve de revenir plus tard.

Il est bon de noter que notre *Niphargus* s'écarte absolument du *Gammarus Guernei* décrit par Chevreux (1), d'après des échantillons rapportés de Florès par de Guerne ; celui-ci en effet ne compte qu'un article au fouet accessoire des antennes supérieures et les pattes de la troisième paire sont garnies, sur leur bord postérieur, d'une épaisse rangée de longues soies, qui, dit Chevreux, « suffiraient à elles seules pour caractériser l'espèce. »

(1) ED. CHEVREUX : *Quatrième campagne de l'Hirondelle, 1888. Description d'un Gammarus nouveau des eaux douces de Florès (Açores).* Bull. de la Soc. zool. de France, t. XIV, p. 294, 1889.

HYDRACHNIDES.

Arrenurus emarginator O. F. Müller.

Ile de Pico: Mare do Cabeço do Affonso.

Avec le lac de Pao-Pique, à S. Miguel, c'est la seule localité où cette intéressante espèce ait été recueillie.

INSECTES HÉMIPTÈRES.

Corixa atomaria Illiger.

Ile de S. Miguel: Tanque do Dr Caetano d'Andrade, près das Furnas; Tanque da Quinta da Bella-Vista; Tanque da Rocha Quebrada; Tanque do Bettencourt; Fonte do Campo dos Porcos, à Ponta-Delgada; Fonte dos Ginetes; Fonte dos Rivaes; Fonte da Ermida da Covoada.

Ile de Santa-Maria : Poço do Coelho; Poço da Pedreira ás Torrés; Poço da Macella; Poço dos Fornos.

Ile de Terceira : Fonte au pied de la Caldeira Grande.

Ile de Fayal : Poço das Fontainhas.

Notonectes glauca L.

Ile de S. Miguel: Tanque da Quinta da Bella Vista.

Ile de Santa-Maria : Poço dos Fornos.

INSECTES COLÉOPTÈRES.

Hydroporus Guernei Rég.

Ile de S. Miguel : Tanque da Rocha Quebrada.

Cette espèce, nous l'avons dit, avait été signalée par Godman (1), sous le nom d'*H. planus* F., à Terceira, Fayal et Florès. De Guerne l'indique aussi dans les localités suivantes:

« Florès, Ribeira grande, hauteurs de Fajemzinha;

---

(1) GODMAN : *Natural History of the Azores*, p. 63.

hauteurs de Ribeira da Cruz, hauteurs près de la Caldeira comprida. — Corvo, fond de la Caldeira. — Fayal, Caldeira, montagne près de la Caldeira (1) ».

H. limbatus Aubé.

Ile de Santa-Maria : envoyé par Chaves comme provenant d'un poço, mais sans désignation spéciale.

Cette espèce n'avait pas encore été signalée aux Açores.

Agabus Godmani Crotch.

Je n'ai pas rencontré personnellement cette espèce, que Chaves n'a jamais recueillie non plus, mais Godman (2) l'a trouvée à Terceira, Florès et Fayal, et de Guerne en mentionne la présence dans plusieurs stations différentes :

« Florès, hauteurs de Fajemzinha, Ribeira grande ; hauteurs près du campement à l'Est de la Caldeira comprida ; Ribeira dos Algares. — Pico, dans la cuvette d'un torrent montant aux lacs. — Gracioza, mares près du Forno et Caldeira. — Fayal, Caldeira (3) ».

Eretes sticticus L.

Ile de Santa-Maria : envoyé par Chaves comme provenant d'un poço, mais sans désignation spéciale.

Signalé pour la première fois aux Açores.

Rhantes punctatus Fourcr. — *(Colymbetes pulverosus Sturm)*.

Ile de Fayal: Fonte dos Flamengos.

Déjà indiqué par Godman (4) sans mention de localité. Revu par de Guerne : « Gracioza, Caldeira, mares près

---

(1) ALLUAUD : *Coléoptères recueillis aux Açores par M. J. de Guerne, pendant les campagnes du Yacht l'Hirondelle.* Mém. Soc. zool. de France, 4ᵉ année, 1891, p. 202.

(2) GODMAN : *loc. cit.*, p. 64.

(3) ALLUAUD : *loc. cit.*, p. 203.

(4) GODMAN : *loc. cit.*, p. 64.

du Forno. — Corvo, au fond de la Caldeira. — Fayal,
Flamengos (1) ».

Gyrinus atlanticus Rég.

Ile de Santa-Maria : envoyé par Chaves comme provenant d'un poço, mais sans désignation spéciale.

Parnus luridus Erichson.

Ile de S. Miguel : Charco da Madeira ; Charquinho da
Calçada ; Fonte da Achada das Furnas.

MOLLUSQUES.

LAMELLIBRANCHES.

Pisidium fossarinum Clessin.

Ile de S. Miguel: Fonte da Ribeirinha ; Fonte da
Ribeira-Secca ; Fonte das Cazas telhadas ; Fonte do
Campo S. Francisco, à Ponta-Delgada.

Cette espèce a d'abord été trouvée par le regretté Arruda
Furtado, naturaliste açoréen prématurément enlevé à la
science ; elle fut ensuite revue par Simroth, qui la fit déterminer par Clessin (2).

Ainsi que je l'ai dit plus haut (p. 107), il faut peut-être
rapporter au *P. fossarinum* le *Pisidium Dabneyi* décrit par
de Guerne d'après des échantillons recueillis dans le lagoa
de la Caldeira de Fayal (3).

GASTÉROPODES.

Physa acuta Drap.

Ile de S. Miguel : Fonte do Campo S. Francisco ; Fonte
entre Furnas et Povoação ; Fonte do Botelho ; Fonte da

---

(1) ALLUAUD : *loc. cit.*, p. 203.

(2) SIMROTH : *Zur Kenntniss des Azorenfauna*, loc. cit., p. 231.

(3) DE GUERNE : *Excursions zoologiques*, etc., p. 41.

Matriz da Villa-Franca ; source dans le parc du Dr Caetano d'Andrade, à Furnas.

Signalée d'abord à Furnas par les naturalistes de l'expédition du « Talisman », cette Physe a été revue également par Simroth.

VERTÉBRÉS.

POISSONS.

Cyprinopsis auratus L.

Ile de S. Miguel : Charco da Madeira.
Ile de Santa-Maria : Poço do Coelho.

Il est probable que le Cyprin doré, si commun dans les lagoas des Açores, est plus répandu dans les Charcos qu'il le semblerait d'après mes notes (1).

BATRACIENS.

Rana esculenta L.

Je pense qu'on peut affirmer que la Grenouille se rencontre aux Açores (je ne sais pourtant rien de Florès et de Corvo) partout où il y a des eaux permanentes.

---

(1) Chaves me fait observer que presque tous les Charcos de S. Miguel assèchent presque complétement en été, ou tout au moins diminuent considérablement de volume ; si on y a mis des Cyprins, les gamins s'en emparent facilement et les détruisent rapidement jusqu'au dernier. C'est grâce à ses dimensions relativement élevées, qui lui permettent de garder beaucoup d'eau en été, que le Charco da Madeira a conservé ses Poissons.

TROISIÈME PARTIE

FAUNE DES RUISSEAUX ET DES TORRENTS

Il n'existe aux Açores, à ma connaissance du moins, aucun cours d'eau qui puise réellement mériter le nom de rivière, malgré le nom de *Ribeira* que leur donnent volontiers les indigènes. Par contre, en raison des pluies fréquentes et de l'humidité extrème du climat, les ruisseaux et les torrents surtout sont nombreux, mais beaucoup d'entre eux assèchent pendant l'été, et, en somme, les torrents permanents sont relativement rares.

Ainsi que je l'ai dit plus haut, dans l'Introduction, ces eaux courantes se déversent soit dans la mer, soit dans le fond des Caldeiras où elles contribuent à entretenir le niveau des Lagoas. Leur température est généralement fraîche, variant, d'après mes relevés thermométriquess, entre 14° et 15°, et s'élevant rarement à 17° (*Faja dos Moinhos*, 7 septembre 1887).

La faune de ces eaux, fort pures, est, comme on pouvait s'y attendre, peu abondante ; les espèces intéressantes, qui méritent d'être signalées, sont particulièrement le *Sperchon brevirostris* Kœnike et l'*Anguilla vulgaris* Turt. A Florès, de Guerne a recueilli, dans plusieurs torrents, un Isopode, *Iœra Guernei* Dollfus (1), et un Amphipode, *Gammarus Guernei* Chevreux (2), que je n'ai jamais rencontrés dans

---

(1) A. DOLLFUS : *Description d'un Isopode fluviatile du genre Iœra provenant de l'île de Florès (Açores)*. Bull. Soc. zool. de France, t. XIV, p. 133, 1889.

(2) ED. CHEVREUX : *Quatrième campagne de l'Hirondelle, 1888. Description d'un Gammarus nouveau des eaux douces de Florès*. Bull. Soc. zool. de France, t. XIV, p. 294, 1889.

les îles que j'ai explorées, bien que mes pêches aient été
fort nombreuses.

VERS.

TURBELLARIÉS.

Planaria polychroa O. Schmidt.

Ile de S. Miguel : Ruisselets à l'intérieur du cratère du
Lagoa do Congro ; Ribeira de Rosal ; Salto do Estrello ;
Ribeira dos Moinhos ; Ribeira entre Porto-Formoso et
Ribeira-grande ; Ribeira das Furnas ; Ribeira da Praïa ;
Ribeira do Salto ; Ribeira da Pernada.

HIRUDINÉES.

Dina Blaisei R. Blanchard.

Ile de S. Miguel : Faja dos Moinhos.
Ile de Terceira : Ruisseau du Forno d'Agua, sur le flanc
de la grande Caldeira centrale.
Ile de Fayal : Ribeira dos Flamengos.

ARTHROPODES.

CRUSTACÉS OSTRACODES.

Cypridopsis villosa Jurine.

Ile de S. Miguel : Ribeira da Praïa ; Faja dos Moinhos.
Ile de Terceira : Ruisseau du Forno d'Agua.

CRUSTACÉS COPÉPODES.

Cyclops fimbriatus Fischer.

Ile de S. Miguel : Faja dos Moinhos.
Ile de Terceira : Ribeira dos Flamengos.

C. agilis Koch.

Ile de S. Miguel : Faja dos Moinhos.
Ile de Terceira : Ribeira dos Flamengos.

C. viridis Fischer.

Ile de S. Miguel : Ribeira da Praïa.

CRUSTACÉS CLADOCÈRES.

Chydorus sphæricus O. F. Müller.

Ile de S. Miguel : Faja dos Moinhos.

HYDRACHNIDES.

Sperchon brevirostris Kœnike.

Ile de S. Miguel : Ruisselets intérieurs du cratère du Lagoa do Congro ; Ribeira de Rosal ; Ribeira do Salto ; Ribeira entre Porto-Formoso et Ribeira-grande ; Ribeira da Praïa ; Ribeira das Furnas ; Ribeira da Pernada ; Ribeira da Caldeira velha.
Ile de Terceira : Ruisseau du Forno d'Agua.
Ile de Fayal : Ruisselets intérieurs de la Caldeira grande.

INSECTES COLÉOPTÈRES.

Rhantus punctatus Fourcr.

Ile de Fayal : Ribeira dos Flamengos.

VERTÉBRÉS.

POISSONS.

Anguilla vulgaris Turt.

D'après les renseignements que Chaves m'a envoyés, cette espèce est commune dans tous les torrents de S. Miguel, de Santa-Maria et de Fayal, qui gardent de l'eau durant toute l'année ; on l'observe jusqu'à des altitudes relativement élevées (200 mètres, d'après Drouet).

Primitivement cette Anguille avait été rapporté à l'*Anguilla canariensis* Valenciennes par Drouet (1), qui l'avait recueillie à S. Miguel et à Florès ; Godman (2) qui, à son retour en Angleterre, en reçut deux exemplaires des Açores (un de S. Miguel, et un de Florès), les soumit à Günther qui les identifia à notre Anguille d'Europe.

Comme le dit très bien Simroth (3), la présence de l'Anguille aux Açores demeure une véritable énigme, et il est impossible de dire si elle y a été introduite artificiellement, ou si elle y a pénétré soit par simple migration à travers les mers, soit par un moyen de transport encore inconnu.

(1) Drouet : *Faune açoréenne.*

(2) Godman : *Natural history of the Azores or Western Islands,* p. 44, Londres, 1870.

(3) Simroth : *Zur Kenntniss der Azorenfauna.* Archiv. für Naturgeschichte, Jahrg. LIV, Bd. I, p. 212.

TABLEAU GÉNÉRAL DE LA FAUNE DES EAUX DOUCES DES AÇORES.

N. B. — Les espèces marquées d'une astérisque ont été signalées par moi pour la première fois.

NOMS DES ESPÈCES.	LAGOAS.	CHARCOS, POÇOS, TANQUES, FONTAINES.	TORRENTS ET RUISSEAUX.
FLAGELLATES.			
1. *Dinobryon sertularia* Ehr......	+	..	..
*2. *Euglena viridis* Ehr.............................	..	+	..
*3. *E. spirogyra* Ehr..............................	..	+	..
*4. *Phacus longicaudatus* Duj	..	+	..
CILIO-FLAGELLÉS.			
*5. *Peridinium tabulatum* Clap. et Lachm..............	+	..	..
6. *Peridinium* sp.................................	+	..	..
7. *Glenodinium* sp...............................	+	+	..
*8. *Ceratium hirundinella* O. F. Müller...............	+	..	..
RHIZOPODES.			
9. *Arcella vulgaris* Ehr........................	+	+	..
*10. *A. dentata* Ehr................................	..	+	..
11. *Difflugia constricta* Ehr..........................	+	..	..
12. *D. pyriformis* Perty...........................	+	+	..
13. *D. acuminata* Ehr.............................	+	+	..
14. *Trinema enchelys* Ehr...........................	+	..	..
15. *Euglypha alveolata* Duj	+	+	..
16. *Nebela collaris* Ehr............................	+	..	..
*17. *Quadrula symmetrica* Schultze...................	+	+	..
18. *Centropyxis aculeata* Ehr......................	+	+	..
19. *Hyalosphenia* sp..............................	+	..	..
INFUSOIRES.			
20. *Vorticella* sp.................................	+	..	..
21. *Podophrya* sp................................	+	..	..
*22. *Stylonichia mytilus* Ehr........	+	..	..
*23. *Condylostoma pateus* Duj........................	+	..	..

NOMS DES ESPÈCES.	LAGOAS.	CHARCOS, POÇOS, TANQUES, FONTAINES.	TORRENTS ET RUISSEAUX.
CŒLENTÉRÉS.			
*24. *Hydra fusca* L..............................	+	+	..
NÉMATODES.			
*25. *Dorylaimus stagnalis* Duj.....................	+	+	..
*26. *Dorylaimus* nov. sp...........................	..	+	..
27. *Chætonotus* sp.................................	+	..	..
NÉMERTIENS.			
*28. *Prorhynchus stagnalis* M. Schultze..............	+	..	..
TURBELLARIÉS.			
29. *Mesostoma viridatum* Ehr......................	+	..	..
*30. *Planaria polychroa* O. Schmidt	+	+	+
*31. *Planaria* sp...................................	..	+	..
ANNÉLIDES.			
32. *Nais elinguis* O. F. Müller....................	+	+	..
*33. *Naidium luteum* O. Schmidt....................	+	+	..
*34. *Dero palpigera* Grebnicky	+	+	..
35. *Enchytræus* sp.................................	+	..	..
36. *Tubifex rivulorum* Lam........................	..	+	..
HIRUDINÉES.			
*37. *Limnatis nilotica* Sav.........................	..	+	..
38. *Dina Blaisei* R. Bl............................	..	+	+
ROTIFÈRES.			
39. *Melicerta tubicolaria* Hudson.............	+	..	..
40. *Cephalosiphon limnias* Ehr................	+	..	..
*41. *Limnias ceratophylli* Ehr.....................	..	+	..
42. *Philodina roseola* Ehr........................	+	..	..
43. *Philodina* sp	..	+	..
44. *Rotifer* sp....................................	+	..	..
*45. *Rotifer* sp....................................	..	+	..
46. *Actinurus neptunius* Ehr......................	+	+	..
*47. *Callidina* sp..................................	+	+	..
48. *Asplanchna Imhofi* de Guerne..................	+	+	..
*49. *Triarthra longiseta* Ehr..	..	+	..
50. *Furcularia* sp.................................	+	..	..

NOMS DES ESPÈCES.	LAGOAS.	CHARCOS, POÇOS, TANQUES, FONTAINES.	TORRENTS ET RUISSEAUX.
51. *Furcularia* sp............................	+	..	..
*52. *Salpina mucronata* Ehr....................	+	..	..
*53. *Euchlanis deflexa* Gosse....................	+	+	..
*54. *E. macroura* Ehr...........................	..	+	..
*55. *Euchlanis* sp..............................	..	+	..
56. *Monostyla lunaris* Ehr....................	+	+	..
57. *M. quadridentata* Ehr.....................	..	?	..
*58. *Pterodina patina* Ehr.....................	+	..	..
*59. *Brachionus pala* Ehr......................	+	+	..
*60. *Br. amphiceros* Ehr.......................	+	..	..
*61. *Br. rubens* Ehr...........................	..	+	..
*62. *Br. Chavesi* Th. Barrois..................	..	+	..
*63. *Anuræa aculeata* Ehr.....................	+	..	..
*64. — — var. *brevispina* Gosse..............	+	..	..
65. *Pedalion mirum* Hudson	?	..	..
TARDIGRADES.			
66. *Macrobiotus* sp............................	+	+	..
HYDRACHNIDES.			
67. *Arrenurus emarginator* O. F. Müller..............	+	+	..
68. *Sperchon brevirostris* Kœnike......................	..	..	+
OSTRACODES.			
*69. *Cypridopsis villosa* Jurine......................	+	+	+
*70. *C. vidua* O. F. Müller......................	..	+	..
*71. *C. Chavesi* Moniez........................	..	+	..
*72. *Cypris nitens* Fischer......................	+	+	..
*73. *C. obliqua* Brady..........................	+	+	..
*74. *Cypris elegans* Moniez.....................	+	+	..
75. *C. virens* Jurine...........................	+	+	..
76. *C. Moniezi* de Guerne......................	..	+	..
*77. *C. tessellata* Fischer......................	..	+	..
*78. *C. trigonella* Brady.......................	..	+	..
*79. *C. ovum* Jurine...........................	..	+	..
*80. *C. incongruens* Ramdohr....................	..	+	..
*81. *C. bispinosa* Lucas........................	..	+	..
COPÉPODES.			
82. *Cyclops viridis* Fischer	+	+	+
*83. *C. agilis* Koch	+	+	+
84. *C. diaphanus* Fischer.......................	+	+	..

NOMS DES ESPÈCES.	LAGOAS.	CHARCOS, POÇOS, TANQUES, FONTAINES.	TORRENTS ET RUISSEAUX.
*85. *C. fimbriatus* Fischer.............................	+	+	+
*86. *Canthocamptus horridus* Fischer..................	+	+	..
87. *Canthocamptus* sp....	+	..	..
*88. *Diaptomus serricornis* Lillj........................	..	+	..
*89. *Argulus foliaceus* L...............	+	..	..
CLADOCÈRES.			
90. *Daphnella brachyura* Liévin......	+	..	..
91. *Leptodora hyalina* Lillj	?	..	..
92. *Daphnia pennata* O. F. Müller...................	+	+	..
*93. *Simocephalus exspinosus* Koch...................	+	..	..
*94. *Streblocerus serricaudatus* Fischer...............	+	..	..
*95. *Moina azorica* Moniez	..	+	..
*96. *Leydigia acanthocercoides* Fischer.................	+	+	..
97. *Alona testudinaria* Fischer......................	+	+	..
*98. *A. tuberculata* Kurz............................	+	..	..
99. *A. costata* Sars..............................	+	+	..
*100. *A. affinis* Leydig.............................	+	+	..
*101. *A. Barroisi* Moniez	..	+	..
102. *Pleuroxus nanus* Baird........................	+	+	..
103. *Chydorus sphœricus* O. F. Müller................	+	+	..
BRANCHIOPODES.			
*104. *Estheria* sp..................................	+	..	..
AMPHIPODES.			
*105. *Niphargus puteanus* Koch.......................	..	+	..
106. *Gammarus Guernei* Chevreux....................	..	..	+
ISOPODES.			
107. *Iœra Guernei* Dollfus..........	..	..	+
HÉMIPTÈRES.			
108. *Corixa atomaria* Illiger........................	+	+	..
*109. *Notonectes glauca* L...........................	+	+	..
COLÉOPTÈRES.			
*110. *Parnus luridus* Erichson	+	+	..
*111. *Gyrinus atlanticus* Régimbart...................	+	+	..
112. *Agabus Godmani* Crotch........................	+	+	..

NOMS DES ESPÈCES.	LAGOAS.	CHARCOS, POÇOS, TANQUES, FONTAINES.	TORRENTS ET RUISSEAUX.
113. *Hydroporus Guernei* Régimbart...................	+	+	..
*114. *H. limbatus* Aubé..............................	..	++	..
*115. *Eretes sticticus* L.............................	..	++	..
116. *Rhantus punctatus* Fourcr......................	..	+	+
BRYOZOAIRES.			
117. *Plumatella repens* L...........................	+	..	..
LAMELLIBRANCHES.			
118. *Pisidium Dabneyi* de Guerne....................	+	..	..
*119. *P. fossarinum* Clessin........................	..	+	..
GASTÉROPODES.			
120. *Physa acuta* Drap..............................	..	+	..
121. *Hydrobia evanescens* de Guerne................	?	..	..
POISSONS.			
122. *Cyprinopsis auratus* L.........................	+	+	..
123. *Cyprinus carpio* L.............................	+	..	..
124. *C. rex cyprinorum* Bloch......................	+	..	..
125. *Anguilla vulgaris* Turt........................	+	..	+
126. *Salmo fario* L................................	+	..	..
127. *S. stomachicus* Günther.......................	+	..	..
128. *S. lacutris* L................................	+	..	..
129. *Leuciscus macrolepidotus* Steind..............	+	..	..
BATRACIENS.			
130. *Rana esculenta* L. var. *Perezi* Seoane........	+	+	+

CONCLUSIONS.

Le tableau général de la faune des eaux douces açoréennes, tel que nous venons de l'établir, renferme un total de 130 espèces, dont 64 ont été signalées par moi pour la première fois. Si l'on veut bien se rappeler que de Guerne n'avait énuméré dans son catalogue qu'une cinquantaine de formes, on verra que j'ai plus que doublé les listes données jusqu'à présent.

Malgré mes recherches assidues, le nombre des types propres aux Açores est resté très peu élevé. Déjà de Guerne avait fait la même remarque et écrivait (1) : « Sur une cinquantaine de formes signalées, trois seulement, *Pisidium Dabneyi*, *Cypris Moniezi*, *Asplanchna Imhofi* et une quatrième mal définie, *Hydrobia? evanescens*, peuvent être regardées comme nouvelles ». Je n'ai jamais pu retrouver l'*Hydrobia evanescens*, et je rappelle ici les doutes émis au courant de ce travail tant au sujet du *Pisidium Dabneyi*, qu'il faudra peut-être rapporter au *P. fossarinum* Clessin, qu'au sujet de l'*Asplanchna Imhofi* que M. Daday a voulu identifier à l'*A. Sieboldi* Des formes citées plus haut, il n'en reste en conséquence qu'une seule, le *Cypris Moniezi*, qui semble sans conteste (du moins jusqu'à présent) spéciale aux Açores. Depuis pourtant, de Guerne a fait connaître un Amphipode (*Gammarus Guernei* Chevreux), un Isopode (*Iœra Guernei* Dolfus) et un Coléoptère (*Hydroporus Guernei* Régimbart) nouveaux.

Nos recherches n'ont guère augmenté cette liste que de quatre noms :

---

(1) DE GUERNE : *Excursions zoologiques* etc., p. 75.

Deux Cladocères (*Moina Azorica* Monicz et *Alona Barroisi* Moniez) ;

Un Ostracode (*Cypridopsis Chavesi* Moniez) ;

Et un Rotifère (*Brachionus Chavesi* Th. Barrois).

Encore convient-il, en raison de nos connaissances presque nulles sur la faune des eaux douces du Portugal, d'apporter la plus grande réserve pour avancer qu'il s'agit bien ici de formes spéciales.

Les autres espèces sont communes pour la plupart sur notre continent et offrent un cachet européen absolument net. Déjà, dans l'introduction de ce travail, nous avons insisté sur ce caractère saillant qui, dès d'abord, a frappé les premiers observateurs. Ainsi que le disait très bien de Guerne dans les conclusions de son excellent travail (1) : « Tous les groupes d'animaux étudiés jusqu'ici avec un soin suffisant fournissent à cet égard des résultats d'une concordance absolue. Il est permis d'affirmer, dès aujourd'hui, que les recherches ultérieures les confirmeront de plus en plus ». Et un peu plus loin (2) : « La faune des eaux douces, que j'ai découverte et qui est presque exclusivement composée d'espèces européennes, confirme d'une manière frappante les conclusions de l'examen des animaux terrestres ». Les résultats que j'ai exposés au courant de ce mémoire — résultats qui résument des recherches plus suivies et plus étendues que celles de de Guerne, et qui, nous l'avons vu, ont augmenté notablement la liste des espèces dressée par mon excellent collègue — n'ont fait qu'apporter une preuve nouvelle de l'exactitude de cette manière de voir.

Mon intention n'est pas de reprendre ici en détail la discussion relative aux origines de la faune des Açores ; un parfait exposé en a été tracé par Fouqué d'abord, puis,

---

(1) DE GUERNE : *Excursions zoologiques* etc., p. 73.

(2) DE GUERNE :   Ibid.   etc., p. 75.

plus récemment, par de Guerne. Toutefois, je crois utile de rappeler que toutes les théories émises peuvent se résumer dans les deux propositions suivantes :

1° *Les Açores ont été autrefois rattachées au continent, et, par conséquent, leur peuplement s'explique aisément ;*

2° *Les Açores ont toujours été isolées au sein de l'Océan et, absolument désertes dans les premiers temps, c'est peu à peu, grâce aux différents modes de dissémination dont nous parlerons plus loin, que la faune actuelle à pu se développer.*

La première hypothèse a rencontré jadis d'ardents défenseurs ; elle supposait pour base l'existence d'une vaste terre ferme qui aurait autrefois réuni les Açores, avec Madère et les Canaries, en un seul continent attenant à l'Europe, et peut-être à l'Afrique septentrionale. Mais de graves objections peuvent être faites à cette manière de voir, tant au point de vue zoologique qu'au point de vue géologique. Fouqué et de Guerne les ont exposées avec trop de détails et de netteté pour que j'y revienne aujourd'hui. Malgré cela, dans ces derniers temps, la question a été reprise avec beaucoup de talent par M. de Lapparent dans une étude sur l'ancienne extension des glaciers. En raison de l'importance du sujet, je crois devoir donner ici un extrait *in extenso* de cette intéressante note (1) : « L'examen des cartes des anciens glaciers montre que le terrain erratique, déposé par eux, occupe une sorte de demi-cercle dont le centre est situé dans l'Atlantique ; que la limite de ce terrain est formée par une courbe qui, en Amérique, va des mers Polaires à New-York sans toucher les Montagnes-Rocheuses et, en Europe, remonte de Kiew et de Moscou à la mer Glaciale sans atteindre le pied de l'Oural, de sorte que l'immense territoire de la Sibérie est complètement

(1) DE LAPPARENT : Compte-rendu des séances de la Société de Géographie de Paris, année 1894, N° 1, p. 21-24.

exempt de cette couverture erratique, et cela même au voisinage du Pacifique.

« Ainsi le phénomène est absolument coordonné autour de l'axe de l'Atlantique nord. C'est donc dans l'histoire ancienne de cet Océan qu'il convient de chercher s'il ne s'est point passé quelque fait qui ait pu accroître considérablement les chutes de pluie et de neige, et par suite faire naître de grands glaciers dans les latitudes froides de notre hémisphère. Or la géologie est aujourd'hui assez avancée pour permettre de reconstituer, dans ses grands traits, l'histoire de l'Atlantique ».

« Pendant les âges primaires, il existait un continent boréal qui, baigné au Nord par une mer polaire, reliait la Scandinavie à l'Amérique. Son rivage méridional avançait peu à peu au Sud par de nouvelles conquêtes de la terre ferme et, à la fin des temps carbonifères, ce rivage devait aller à peu près du Texas au bord septentrional de la Méditerranée actuelle.

» Ce continent boréal a subi ultérieurement bien des vicissitudes. Des brèches se sont ouvertes dans sa masse, qui ont réduit son extension vers le Sud. Puis, un jour une première fente transversale a rompu sa continuité, en établissant pour la première fois une communication entre l'Océan polaire et les mers du Sud. Cette fente paraît s'être produite vers la fin de l'ère tertiaire. En effet, pendant la dernière partie des temps dits *miocènes*, les mêmes polypiers, et autres organismes incapables de se propager au loin, florissaient aux Antilles et en Sicile. Il fallait donc qu'entre ces deux régions il y eut, ou un rivage continu, ou des îles assez rapprochées pour permettre cette migration. D'ailleurs l'absence de tout dépôt marin du tertiaire supérieur, soit sur la côte nord-est des Etats-Unis, soit sur les rivages occidentaux de l'Écosse, indique bien qu'alors la mer ne baignait pas ces régions. Enfin, jusqu'à l'époque en question, la faune marine tertiaire, aux Antilles comme dans la Méditerranée, comprenait uniquement des espèces des mers chaudes.

« Or, vers la fin des temps miocènes, des espèces septentrionales ont commencé à se montrer, non seulement en Aquitaine, mais en Italie et jusque dans le bassin de Vienne. Ces espèces avaient pénétré dans les régions méditerranéennes par le détroit, situé entre la Cordillière bétique et la Meseta ibérique. qui occupait la place du Guadalquivir actuel. Ainsi déjà l'influence septentrionale se faisait sentir par endroits dans les anciennes mers chaudes. Cependant ce n'était pas encore une faune franchement arctique. Cette dernière, arrivant par le détroit de Gibraltar, nouvellement formé, s'est montrée au début de la période dite *pliocène*, alors que la Cyprine d'Islande et autres coquilles des mers circumpolaires ont réussi à envahir la Méditerranée, où d'ailleurs elles n'ont pu se maintenir jusqu'à nos jours. C'est donc à ce moment que la grande brèche atlantique s'est ouverte et que, pour la première fois, les mers glaciales sont entrées en libre communication avec celles du Midi.

« A partir de ce moment, cette brèche n'a fait que s'accentuer, non seulement par l'érosion marine, mais par l'écroulement des anciennes terres atlantiques, écroulement préparé, dès les temps tertiaires, par les grandes fissures qui servaient de voie d'éruption aux basaltes de l'Irlande, des Hébrides et de l'Islande. De tout cela il n'est resté que les Açores, et le haut fond dont les sondages accusent l'existence dans l'axe de l'Atlantique nord, avec épanouissement du côté des Bermudes. Ainsi l'on peut dire que le grand fait géographique qui a marqué la fin de l'ère tertiaire et le début de l'ère moderne est la disparition définitive de l'ancienne terre qui reliait l'Europe à l'Amérique.

. . . .

« En résumé, c'est l'hypothèse de l'Atlantide, débarrassée des légendes dont l'imagination de nos pères l'avait entourée, et, en revanche, étayée sur des arguments géologiques dont on ne saurait méconnaître la portée. Ajoutons que beaucoup d'autres raisons, tirées de la zoologie et de la

botanique, militent en faveur de cette hypothèse. Ainsi
M. de Saporta reconnaît dans la distribution des végétaux,
les preuves d'une liaison entre l'Europe et l'Amérique,
liaison qui aurait subsisté jusque vers la fin des temps tertiaires ; de sorte qu'aujourd'hui c'est en Amérique qu'il faut
chercher le développement complet de certains groupes de
plantes dont il ne reste plus en Europe que de rares survi-
vants sporadiques. »

Ce long extrait était nécessaire pour bien faire comprendre
la pensée de l'auteur. Evidemment l'hypothèse est fort
séduisante, et elle a le mérite d'expliquer *ipso facto* les
allures européennes de la faune des eaux douces, pour ne
parler que de la partie qui nous occupe. Toutefois, en laissant de côté les considérations géologiques (1) et botaniques,
que mon incompétence ne me permet point de discuter,
j'avoue que je reproche à M. de Lapparent de ne point avoir
exposé les « raisons tirées de la zoologie », qu'il se borne
simplement à invoquer sans même les énumérer. Il est
évident, je viens de le dire, que l'existence de cette grande
terre qui aurait relié autrefois l'Europe à l'Amérique, expli-
querait parfaitement la présence aux Açores de toutes les
formes européennes, mais cette hypothèse laisse absolument
subsister la plupart des objections qu'on avait autrefois
opposées à l'opinion qui reliait les Açores aux vieux conti-
nents (Europe, Afrique septentrionale) par l'intermédiaire
de puissantes assises dont les Madères et les Canaries seraient
aujourd'hui les seuls témoins. Non seulement il serait
malaisé d'expliquer en particulier l'absence des Mammifères, des Reptiles (2) et des Batraciens (3), mais comment

---

(1) Voyez à ce sujet : FOUQUÉ, *Voyages géologiques* etc..., p. 856-858.

(2) Le seul reptile des Açores, le *Lacerta Dugesi*, qu'on rencontre à Gracioza
et à S. Miguel (aux environs de Ponta-Delgada), a été, selon toute probabilité,
importé de Madère ou de Ténériffe, où il semble cantonné, jusqu'à présent du
moins.

(3) La Grenouille a été introduite à S. Miguel vers 1820.

comprendre l'exclusion pour ainsi dire complète des formes américaines (1) et le cachet absolument européen de la faune.

Or, comme le disait très bien M. Fouqué dans ses intéressants *Voyages zoologiques aux Açores*, et c'est sur cette phrase qu'il terminait : « Quelle que soit la bannière qu'on arbore, on devra, dans la question spéciale de l'origine des espèces aux Açores, s'attacher à donner la raison du caractère européen de la flore et de la faune de cet archipel. » La théorie de M. de Lapparent ne satisfait point à ces exigences. On en est réduit, pour la compléter, à formuler — ainsi d'ailleurs qu'on l'a déjà fait — une nouvelle hypothèse pour étayer la première : il faut en effet supposer que la faune primordiale des Açores a été complètement anéantie lors des cataclysmes plutoniques qui se sont succédés dans l'archipel, et que les animaux qui peuplent maintenant ces îles sont d'introduction récente.... C'est tourner dans un cercle vicieux, et ramener purement et simplement la question à la seconde des deux versions que nous avons énoncées plus haut : à savoir que les Açores se sont peuplées lentement et progressivement, au hasard des introductions effectuées par les modes ordinaires de dissémination. C'est la théorie qui a été brillamment soutenue par de Guerne, et que, pour ma part, je tends à partager entièrement.

La plupart des faits observés, si l'on y regarde de près, militent en effet en faveur de cette manière de voir. Et d'abord, n'y a-t-il pas lieu d'être frappé de la répartition remarquable de certaines espèces, cantonnées soit en des localités uniques, soit en des points très limités, parfois fort éloignés les uns des autres. C'est ainsi, pour choisir les

---

(1) On ne trouve guère à mentionner que quelques Insectes, tels que les Coléoptères suivants : *Æolus melliculus* Cand., *Monocrepidius posticus* Erichson, *Tæniotes scalaris* Fabr., originaires de l'Amérique du Sud, et amenés sans doute en même temps que des végétaux exotiques, du Brésil par exemple : on sait que les relations sont très actives entre ce pays et les Açores. Si des recherches subséquentes augmentent cette liste — ce qui est plus que probable — ce sera bien certainement dans le même ordre d'idées.

faits les plus saillants, qu'un seul exemplaire de *Simocephalus exspinosus* Koch a été trouvé dans les lacs de Sete-Cidades, et un seul exemplaire d'*Alona Barroisi* Moniez dans la fontaine de S. Luiz, à Terceira ; c'est ainsi que le *Diaptomus serricornis* Lillj. et le *Cypris hispinosa* Lucas ont été recueillis exclusivement dans l'île de Sta-Maria, la *Moina azorica* Moniez dans l'île de Terceira, le *Limnatis nilotica* Sav. dans deux mares de l'île de S. Miguel (Charco da Madeira et Charquinho da Calçada), voisines l'une de l'autre, la *Difflugia acuminata* Ehr. dans le lac de Furnas et dans quelques tanques des environs, le *Brachionus Chavesi* Th. Barrois dans l'île de Fayal, le *Gammarus Guernei* Chevreux enfin et le *Jaera Guernei* Dollfus dans les torrents de l'île de Florès. D'autre part, l'*Arrenurus emarginator* O. F. Müller, malgré les centaines de pêches effectuées par Chaves et par moi, n'est connu jusqu'à présent qu'en deux stations précises, le lagoa do Pao-Pique, petit lac perdu dans les hauts sommets de la région occidentale de l'île de S. Miguel, et une minuscule mare (Poço do Cabeço do Affonso) dans l'île de Pico, stations séparées par une distance à vol d'oiseau de plus de 180 kilomètres ; de même pour un joli Rhizopode, *Quadrula symmetrica* Schulze, trouvé dans le lagoa de S. Braz, lac de la région orientale de S. Miguel à peine connu des indigènes, et dans la Fonte dos Cães, à Santa-Maria.

On retrouverait des faits du même ordre dans la distribution de la faune terrestre. Or, seuls les hasards d'une introduction, qu'elle soit naturelle ou artificielle (1), peuvent expliquer ces bizarreries apparentes. Il s'agit ici d'espèces d'importation plus ou moins récente (2) de sorte

---

(1) J'entends par « introduction artificielle » celle qui est due à l'intermédiaire de l'homme.

(2) Comparez à ce que dit de Guerne (*loc. cit.*, p. 96), après avoir fait ressortir le rôle considérable joué par les Oiseaux dans la dispersion des espèces : « Les considérations précédentes ne permettent pas de douter de l'origine continentale et relativement récente de la faune des eaux douces ».

qu'elles n'ont point encore eu le temps de se disséminer dans les eaux d'une même île, soit, à plus forte raison, dans les eaux d'îles voisines. J'ai tenu à insister sur ces considérations pour bien en faire ressortir l'importance, car elles avaient peut-être été trop négligées par de Guerne, et elles fournissent, en somme, des arguments précieux à la thèse que nous défendons de concert.

Par contre, mon savant collègue a nettement mis en évidence un fait des plus importants (1), à savoir que : « la répartition des espèces aquatiques les plus fréquentes aux Açores est extrêmement étendue ». Et, à l'appui de cette opinion, il ajoute : « Un fait remarquable se dégage, en effet, de l'étude de cette faune. Elle est composée presque exclusivement de types faciles à disséminer. Ne semble-t-il pas que les représentants de tous les groupes pourvus d'œufs d'hiver s'y soient donné rendez-vous ? Les Cladocères et les Rotifères dominent, puis viennent des *Chœtonotus* et des Tardigrades. Et que trouve-t-on avec eux ? Un Bryozoaire muni de statoblastes, des Ostracodes, une Hirudinée à cocon, des Turbellariés à capsules ovigères résistantes, enfin des Nématodes. A peine est-il besoin de mentionner les Protozoaires dont les kystes microscopiques se répandent avec une extrême facilité ».

Nos recherches ont absolument corroboré cette manière de voir, ainsi qu'on pourra s'en convaincre aisément en parcourant la liste générale que nous avons donnée plus haut. Sur un total de 130 espèces, ou mieux de 121, puisqu'on ne peut tenir compte en cette occasion des formes sûrement importées par l'homme, telles que la Grenouille et les différentes espèces de Poissons (sauf peut-être l'Anguille), nous relevons 23 Protozoaires, 27 Rotifères, 13 Ostracodes et 15 Cladocères. La plupart de ces espèces ont une distribution géographique très étendue, ce qui indique bien avec quelle facilité elles se disséminent.

---

(1) De Guerne : *Excursions zoologiques*, etc..., p. 78.

Quels sont les agents normaux de cette dissémination ? C'est ce que de Guerne a étudié avec beaucoup de soin. Pour lui, une part très importante dans le peuplement des eaux açoréennes doit être attribué aux Oiseaux, qui peuvent transporter avec la plus grande facilité les germes qu'ils entraînent soit sur leur plumage, soit dans la vase attachée à leurs pattes ou à leur bec.

Aux courants aériens serait plutôt dévolue l'introduction des Microphytes, des organismes extrêmement petits. Toutefois de Guerne, après avoir avoué de lui-même qu'il montre une tendance à restreindre l'action du vent et à exagérer le rôle des Oiseaux, finit par conclure que la prépondérance reste en définitive aux courants atmosphériques qui facilitent l'arrivée dans l'archipel des Insectes et des Oiseaux, qu'on peut en somme considérer comme de simples véhicules. C'est en effet le cas, non seulement pour les Oiseaux, dont on a beaucoup parlé, mais encore pour les Insectes aquatiques, tels que les Nèpes et les Corizes, par exemple ; je me suis efforcé de montrer, dans un précédent travail (1), que selon toute vraisemblance, ce sont ces Hémiptères qui ont dû probablement introduire aux Açores les Hydrachnides dont j'ai signalé la présence (*Sperchon brevirostris* Kœnike et *Arrenurus emaginator* O. F. Müller). Migula (2), en faisant connaître le rôle des Coléoptères (*Hydrophilus piceus*, *Dytiscus marginatus*, *Gyrinus natator*, pour ne citer que les espèces qui ont été l'objet de ses observations) dans la dispersion des Algues, a incidemment insisté sur ce fait que ces Insectes peuvent également transporter des Protozoaires et des animaux à œufs d'hiver.

(1) TH. BARROIS : *Note sur la dispersion des Hydrachnides.* Revue biologique du Nord de la France, t. I, p. 220, 1888-1889.

(2) W. MIGULA : *Die Verbreitungswcise der Algen.* Biologisches Centralblatt, Bd. VIII, p. 514, 1888-1889.

Certainement, à considérer le fond des choses, une prépondérance presque exclusive, tout au moins en ce qui concerne le peuplement des eaux douces açoréennes, appartient aux courants aériens, qu'ils agissent directement ou indirectement (1). Cette prépondérance explique d'ailleurs aisément le caractère européen de la faune aquatique — pour ne parler que de celle-là — car, non seulement c'est notre continent qui est le plus rapproché de l'archipel, mais encore, ainsi que cela ressort nettement des tableaux météréologiques publiés dans l'Introduction de ce travail, les vents dominants sont ceux du N.-E. J'insiste beaucoup sur ce point trop négligé, et qui est pourtant d'une grande importance, ces conditions atmosphériques étant des plus favorables au transport aussi bien des Insectes et des Oiseaux migrateurs que de tous les organismes ou germes qu'ils peuvent entraîner avec eux.

Il est enfin, un autre élément d'introduction dont on n'a pas, à mon sens, suffisamment tenu compte : je veux parler des importations artificielles effectuées involontairement par l'intermédiaire de l'homme. Seul de Guerne en a dit, à la fin d'une note, quelques mots rapides que nous reproduisons textuellement (2) : « *Il faudra se rappeler également* — il s'agit des conditions qui peuvent favoriser la dissémination — *que le Cyprin doré a été introduit dans l'archipel, qu'il y a été apporté dans l'eau, et que celle-ci même en petite quantité, pouvait contenir une foule d'organismes microscopiques.* »

---

(1) L'action indirecte est évidemment la plus importante, et les observations de Miquel (*Les organismes vivants de l'atmosphère*, p. 27, 1888) semblent assigner un rôle plutôt modeste à l'action directe du vent, les œufs d'hiver et les organismes enkystés paraissant rares dans les poussières atmosphériques. Il serait fort intéressant de répéter ces expériences aux Açores, dans des conditions favorables, et nous souhaitons vivement, pour notre part, que des circonstances heureuses permettent un jour à notre ami Chaves de réaliser ces desiderata.

(2) DE GUERNE : *Excursions zoologiques* etc., p. 79.

L'introduction du Cyprin doré, nous l'avons dit déjà, se perd dans le nuit des temps, et nous ne savons rien de ses conditions d'arrivée. L'a-t-on expédié d'Europe en grande quantité, ou bien quelques couples prolifiques seulement, ont-ils été transportés dans un bocal, puis jetés dans un tanque ou dans un lagoa quelconque? C'est ce que nous ne saurons jamais, et nous ne pourrions faire, à ce sujet, que des hypothèses par trop vagues. Mais pour les autres Poissons, dont l'acclimatation ou les tentatives d'acclimatation à S. Miguel sont toutes récentes, cette incertitude cesse. Nous avons donné plus haut (pages 55-57) un tableau fort bien fait des essais d'introduction, à Sete-Cidades, de toute une série d'espèces diverses, tableau dû à la complaisance de M. José-Maria Raposo do Amaral junior ; il est aisé d'y constater que les œufs, et parfois même les Poissons entièrement développés, ont été importés tantôt d'Angleterre, tantôt de France, tantôt d'Allemagne, tantôt d'Italie, tantôt enfin de Portugal — toujours d'Europe, on le voit—, et qu'ils n'ont pu supporter le voyage qu'à la condition de se trouver dans un milieu convenable, c'est-à-dire dans l'eau. Or, saura-t-on jamais, ce que cette eau pouvait contenir d'organismes variés, d'espèces microscopiques et même de formes macroscopiques ? Sans compter que lesdits Poissons transportent souvent avec eux des parasites : il est bien évident que l'Argule, rencontrée par Chaves à Sete-Cidades, a dû y arriver en même temps que les Carpes qu'on y a amenées d'Europe.

Pareille observation peut être également faite au sujet des Grenouilles, apportées du Portugal vers 1820, et au sujet des Sangsues, dont nous avons relaté plus haut l'introduction en ces termes, d'après les renseignements qui avaient été donnés à Chaves par un vieux bicheiro (poseur de sangsues) de S. Miguel : « de 1832 à 1834, le Dr Joaquim Leite da Gama, alors qu'il était directeur de l'hôpital de Ponta-Delgada, fit jeter, dans quelques charcos de l'île de S. Miguel, des Sangsues médicinales qu'il avait fait venir de Portugal DANS DES CAISSES . . . . »

Que de Rotifères, d'Entomostracés et d'Infusoires pouvaient grouiller dans l'eau de ces caisses, et, après avoir été déversés dans quelques charcos, ont pu y prospérer pour se disperser ensuite soit dans les mares voisines, soit dans celles de l'île entière et même de l'archipel, suivant leur faculté de dissémination ! Et, qu'on le remarque bien, ce sont toujours des types européens qui auraient été importés ainsi.

De même que les courants aériens, de même que les oiseaux, l'homme a donc contribué pour sa part — quoique évidemment dans une mesure beaucoup plus modeste — au peuplement progressif des eaux douces açoréennes. Et non-seulement ces trois facteurs se sont réunis, à des degrés différents, dans une action commune au point de vue du transport des organismes, mais encore ce transport s'est-il effectué toujours dans le même sens ; en effet :

1° Les vents les plus constants sont notoirement les vents du N.-E., soufflant directement d'Europe, qui est en même temps le continent le plus rapproché.

2° Il en résulte que ce sont les Oiseaux et les Insectes de l'Europe qui arrivent le plus rapidement et le plus aisément aux Açores, transportant avec eux les organismes et les germes qu'ils entraînent d'ordinaire.

3° C'est surtout avec l'Europe que les îles de l'archipel entretiennent les relations les plus anciennes et les plus suivies. J'entends parler principalement de S. Miguel, de Santa-Maria, de Terceira, de Gracioza, de S. Jorge et de Pico ; Fayal est de plus en communication fréquente avec l'Amérique ; quant à Florès et à Corvo, qui sont très isolées à l'occident, elles semblent présenter certaines particularités faunistiques remarquables : de Guerne y a rencontré, dans les ruisseaux, un Amphipode (*Gammarus Guernei* Chevreux) et un Isopode (*Iœra Guernei* Dollfus) nouveaux.

Aussi est-ce avant tout à S. Miguel, la plus peuplée et

11

la plus riche des îles açoréennes — la plus orientale en même temps et la plus fréquentée — que l'homme a dû introduire accidentellement un assez grand nombre d'organismes, lors des différents essais d'acclimatation que nous avons relatés plus haut. Ici encore, nous l'avons vu, tous les apports ont été européens.

Ainsi peut s'expliquer, sans recourir à l'hypothèse, aussi fragile que séduisante, d'une Atlantis disparue, le peuplement progressif des Açores et le cachet européen de leur faune. Bien que nos recherches n'aient porté dans le présent mémoire que sur la faune des eaux douces, ce que nous savons de la faune terrestre nous autorise à penser que ces conclusions pourraient lui être à peu près intégralement appliquées. Peut-être cependant rencontrerait-on un nombre marqué d'espèces américaines, surtout parmi les Insectes et les Lombriciens, les riches Açoréens ayant, depuis quelques années, fait venir d'Amérique de grandes quantités de plantes d'agrément pour orner leurs magnifiques jardins. C'est une étude qui mériterait d'être entreprise à fond, car elle a été à peine ébauchée jusqu'à présent, et les documents que nous possédons sont trop insuffisants pour qu'on en puisse tirer plus que des probabilités. Souhaitons, pour terminer, qu'un travail détaillé vienne bientôt trancher d'une façon définitive cette question, dont tout le monde comprendra l'intérêt au point de vue de la géographie zoologique.

ANNEXES.

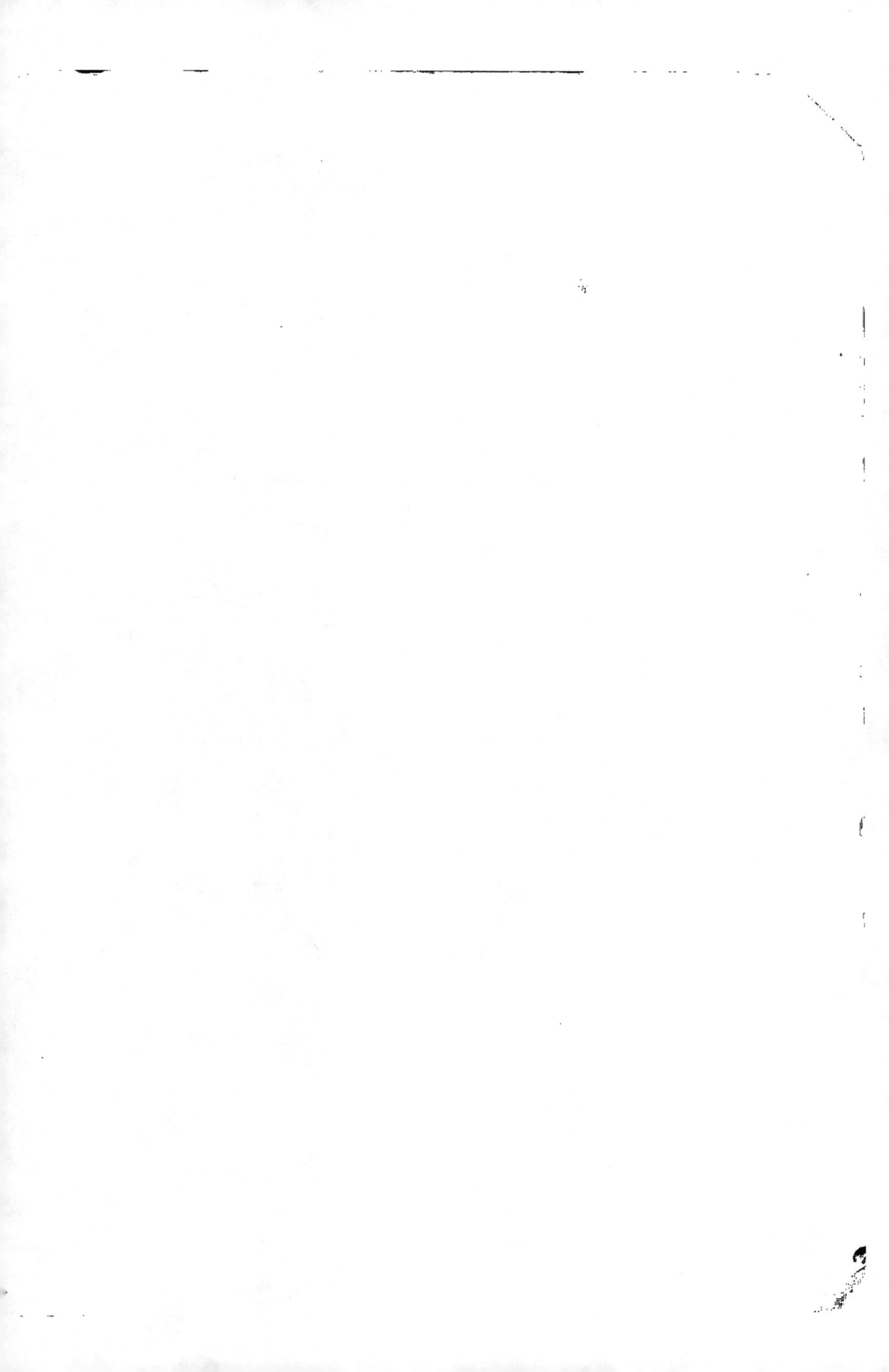

OBSERVATOIRE MÉTÉOROLOGIQUE DE PONTA-DELGADA.

Graphique de la pression atmosphérique horaire pendant l'année 1894.

(CAPITAINE F.-A. CHAVES).

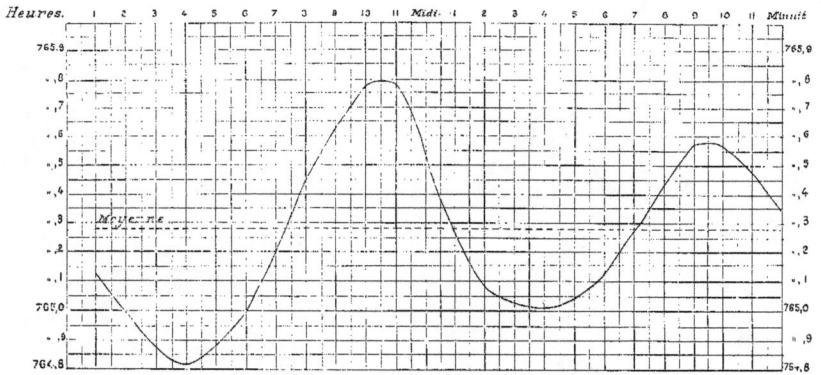

OBSERVATOIRE MÉTÉOROLOGIQUE DE PONTA DELGADA.

Pression atmosphérique horaire pendant l'année 1891.

(CAPITAINE F.-A. CHAVES.)

MOIS.	HEURES.																								Moyenne.	Variation extrème.
	1	2	3	4	5	6	7	8	9	10	11	Midi	1	2	3	4	5	6	7	8	9	10	11	Minuit		
Janvier....	764,24	764,35	764,36	764,36	764,41	764,62	764,92	765,16	766,09	766,30	766,38	765,81	765,42	765,27	765,22	765,12	764,98	764,98	764,93	764,89	764,83	764,86	764,99	764,80	765,08	2,15
Février....	768,76	768,69	768,44	768,36	768,43	768,50	768,07	768,98	769,17	768,56	769,36	769,00	768,63	768,30	768,15	768,16	768,27	768,31	768,44	768,59	768,67	768,69	768,64	768,03	768,40	1,23
Mars......	763,62	763,15	763,21	763,11	763,16	763,30	763,92	763,68	763,97	764,15	764,21	764,06	763,64	763,06	763,92	763,27	763,33	763,51	763,77	763,60	764,15	764,11	763,99	763,83	763,70	1,15
Avril......	766,36	766,14	766,05	766,00	766,00	766,22	766,46	766,59	766,71	766,91	766,92	765,74	766,06	766,42	766,30	766,27	766,25	766,24	766,44	766,65	766,80	766,86	766,73	765,50	766,40	0,92
Mai.......	765,43	765,25	765,12	765,09	765,15	765,25	765,34	765,19	765,56	765,09	765,63	765,58	765,40	765,26	765,16	765,05	764,98	765,01	765,10	765,25	765,55	765,51	765,35	765,18	765,30	0,65
Juin.......	767,27	767,27	767,18	767,19	767,31	767,38	767,69	767,87	767,92	767,93	768,07	767,95	767,79	767,71	767,65	767,56	767,48	767,49	767,38	767,71	768,02	768,06	767,98	767,85	767,68	0,89
Juillet.....	768,46	768,34	768,26	768,19	768,25	768,30	768,55	768,67	768,75	768,82	768,81	768,74	768,62	768,48	768,37	768,31	768,28	768,33	768,50	768,71	768,87	768,88	768,77	768,61	768,51	0,60
Août......	766,13	766,27	766,15	766,10	766,31	766,41	766,54	766,73	766,82	766,85	766,09		766,57	766,35	766,27	766,25	766,27	766,30	766,55	766,82	766,93	766,89	766,78	766,62	766,51	0,85
Septembre..	761,41	761,46	761,31	761,29	761,42	761,52	761,67	761,85	762,01	762,12	762,10	761,91	761,63	761,56	761,45	761,30	761,35	761,45	761,62	761,81	761,86	761,73	761,62	761,66		0,83
Octobre....	758,35	758,14	757,98	757,88	757,88	757,93	758,40	758,32	758,30	758,56	758,56	758,24	757,93	757,82	757,78	757,81	757,91	758,10	758,38	758,51	758,66	758,66	758,40	758,30	758,19	0,88
Novembre..	764,65	764,59	764,51	764,48	764,50	764,57	764,82	764,95	765,17	765,31	765,27	764,83	764,46	764,32	764,32	764,36	764,47	764,66	764,82	764,96	765,02	765,05	764,99	764,89	764,75	1,02
Décembre..	766,18	766,02	765,87	765,80	765,80	766,00	766,08	766,71	767,09	767,38	767,37	766,94	766,58	766,40	766,55	766,67	766,80	766,99	767,13	767,22	767,29	767,28	767,25	767,09	766,70	1,57
Année.....	765,12	764,99	764,87	764,82	764,88	765,01	765,26	765,11	765,63	765,76	765,79	765,54	765,28	765,08	765,01	765,04	765,04	765,11	765,27	765,41	765,55	765,56	765,49	765,34	765,31	0,97

OBSERVATOIRE MÉTÉOROLOGIQUE DE PONTA DELGADA.

Résumé des observations faites pendant l'année 1891.

CAPITAINE F.A. CHAVES.

MOIS.	BAROMÈTRE A 0° C.							THERMOMÈTRE DEGRÉS CENT.							PSYCHRO-MÈTRE.		ÉTAT GÉNÉRAL DE L'ATMOSPHÈRE.								DIRECTION ET FORCE DU VENT. (1,455 observations).																	OZONE.
Janvier																																										7.11
Février																																										6.93
Mars																																										7.30
Avril																																										7.65
Mai																																										7.10
Juin																																										6.23
Juillet																																										5.71
Août																																										6.03
Septembre																																										7.91
Octobre																																										8.11
Novembre																																										8.20
Décembre																																										8.66
Année																																										7.30

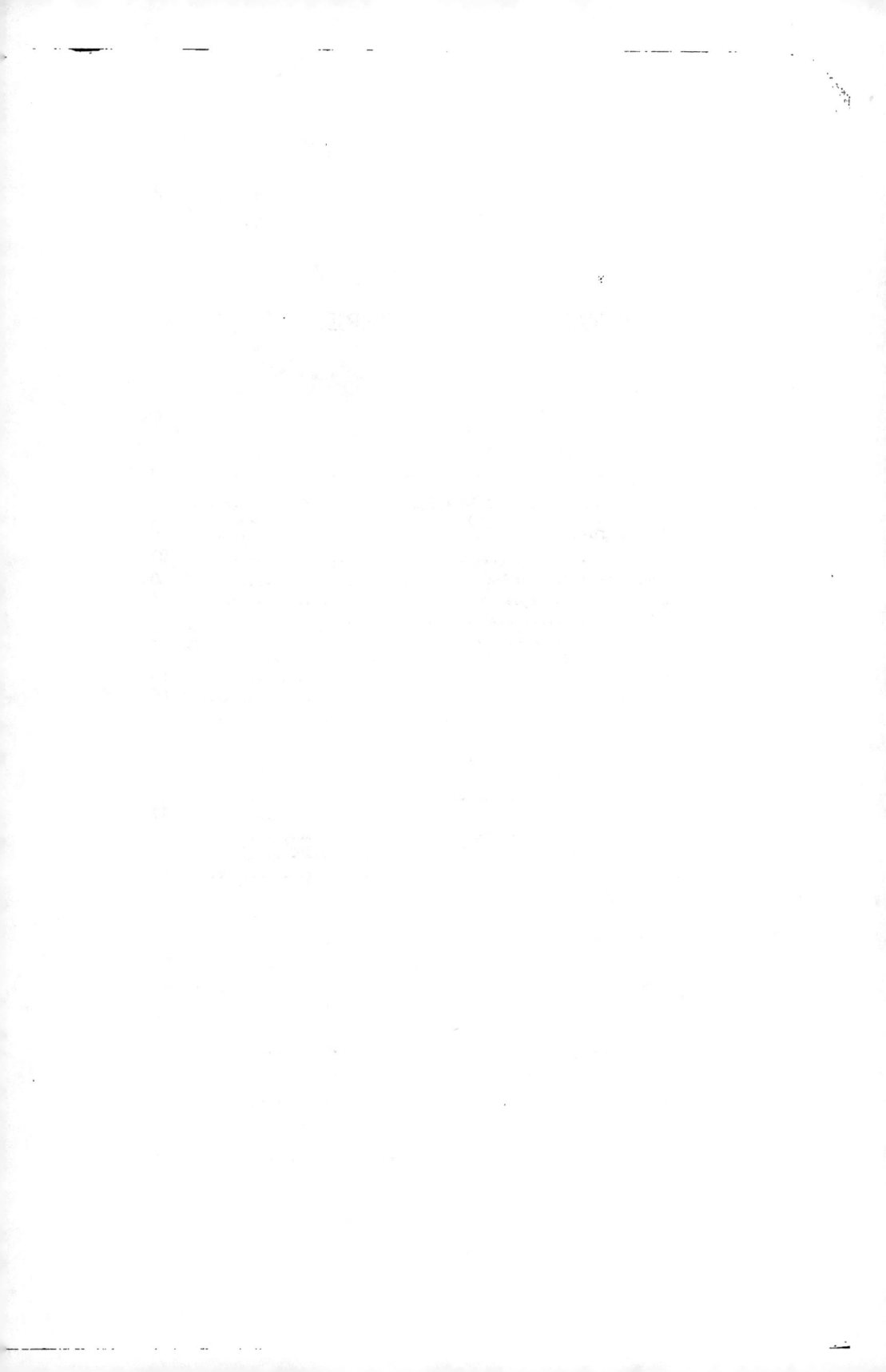

TABLE DES MATIÈRES.

Lille Imp. L. Danel.

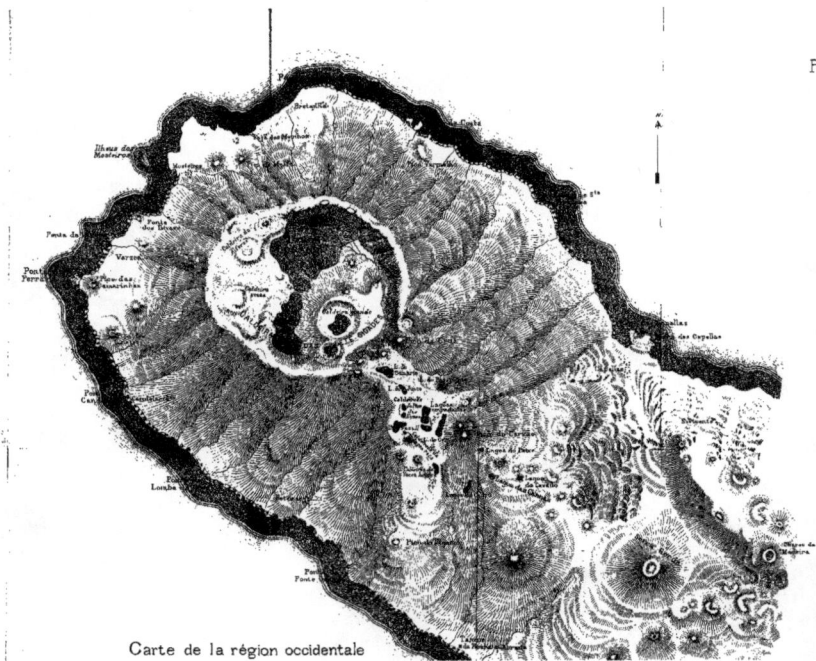

Carte de la région occidentale

Pl. I

Pl. I

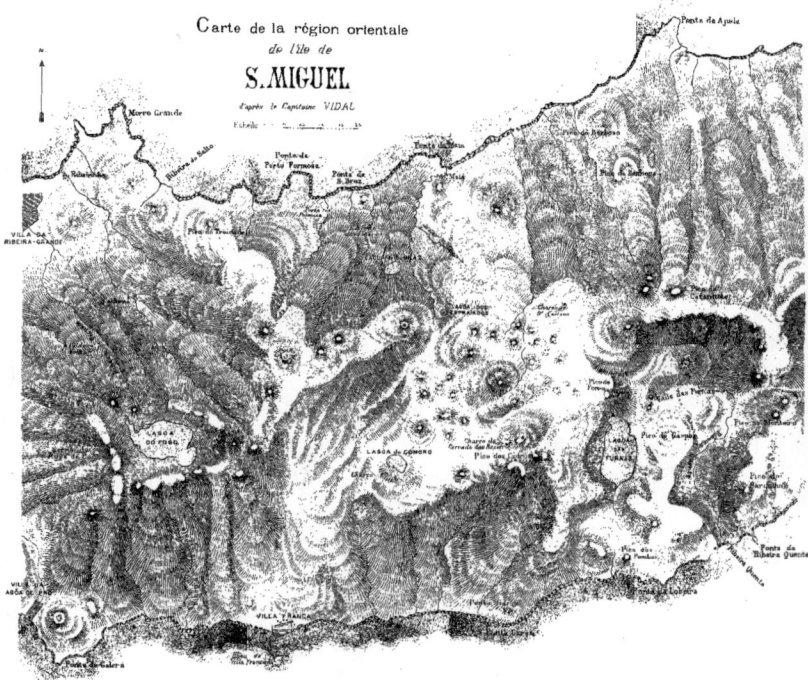

Carte de la région orientale
de l'île de
S. MIGUEL
d'après le Capitaine VIDAL
Échelle

Pl. III

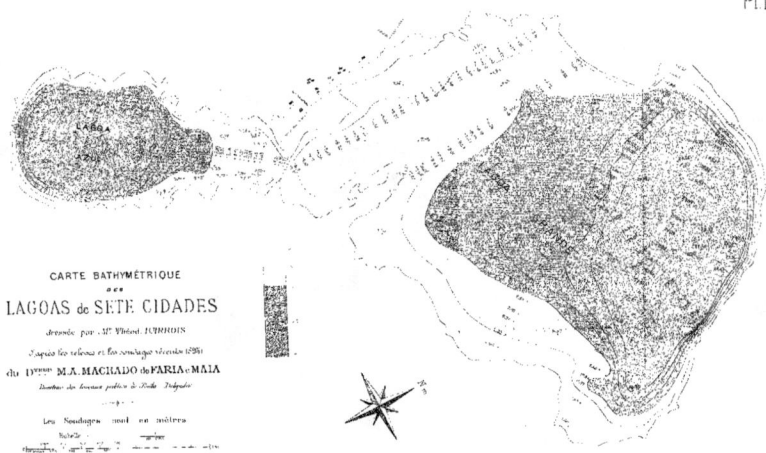

CARTE BATHYMÉTRIQUE
ᴅᴇꜱ
LAGOAS de SETE CIDADES

dressée par M. Théod. JUNROIS

d'après les relevés et les sondages récents 1891

du Dʳᵉᵘʳ M.A. MACHADO de FARIA e MAIA

Directeur des travaux publics à Ponta Delgada

Les Sondages sont en mètres

Echelle